が来まし

一洋のラ・アーヘ、

かに捨てされて被害が出始めている上に

の予定との事で、しかもそこでは日本の原発の廃棄

物の大部分が再処理される予定との事です。万一

事故が起れば二十五マイル以内は吹きとんでしま

といいますが、そうでなくても大気中や海に放出

れ続ける放射能の影響がおそろしいので、皆で

して反対してゆくつもりですが 英・仏と国

こ、は人口も少いので どこまでやれるか不

日本ではこういう事を知っているのでしょう

対している人もいると聞きましたが。資

って下さい。というものでした。

聞いてください

脱原発への道しるべ

子どもたちのために。
そして、
まだ生まれていない
未来の子どもたちのために。

坂田静子

オフィスエム

まえがきにかえて・1999

次女　坂田雅子

須坂というのは、すべからく坂という意味だそうです。坂ばかりの町を75近くにもなっても、元気で自転車を乗り回していた母が、胆囊癌と診断され、あと6か月か1年の命と告げられたのは、1998年6月の初旬でした。その後あれよあれよという間に病状は悪化し、2か月後の8月にはほとんど寝たきりの生活になってしまいました。

イギリスから帰国した姉、大阪から折を見ては帰省する弟、仕事の合間をぬって東京から通う私と、80年間続いた薬局を閉店し、母と共にケアハウスに移った父。皆、それぞれに母が不治の病に倒れたという現実を実感する間もなく、母は逝ってしまいました。凝縮された時でした。

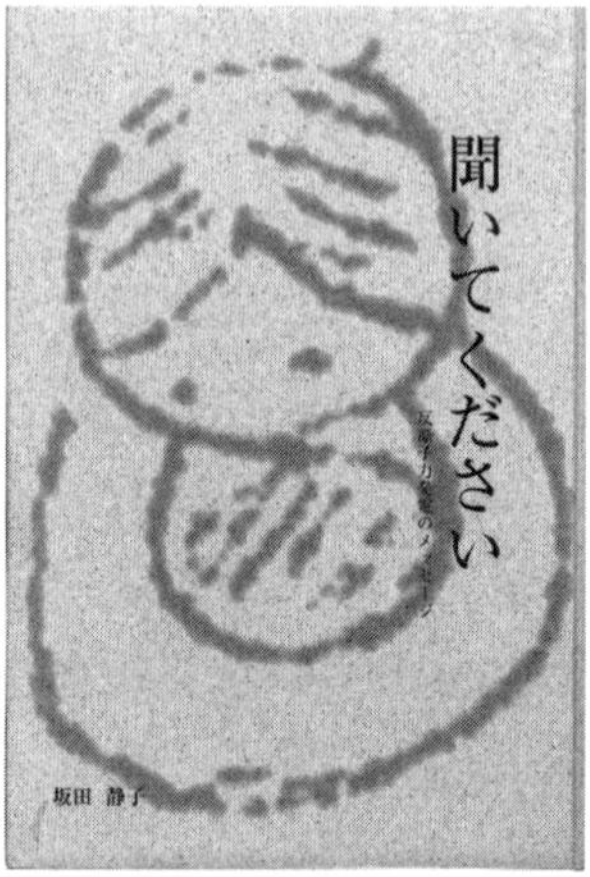

坂田静子著『聞いてください』
発行：坂田悠子・雅子・敬
（1999年8月発行）

私たち家族に与えられた時間はほんの少ししかありませんでした。子どもの頃の懐かしかったあれこれとか、この期に及んで母の人生観とか、しみじみ話したいことは山ほどありましたが、そのうちのほとんどは口の端にのせる機会さえありませんでした。母にはもっと気にかかっていることがあったのです。

１９７０年代から関わってきた反原発の問題が彼女にとっては一番心残りだったのです。母は、私たち身近なものにとっても大変愛情深い人でした。ただ、彼女の愛は家族という限られた対象に向けられたものでなく、すべての人に、そして未来へと向けられたものだったのです。

『聞いてください』を一冊の本にまとめてほしいというのが、彼女の最後の望みでした。数か月、何も食べられず点滴のみで生きながらも笑顔と思いやりを絶やさない人でした。体力が尽き果てても、反原発運動のことは気掛かりだったようです。亡くなる数日前、再び病院に戻りましたが、最後まで「まえがき」を考えなくてはと言っておりました。

結局は実現しませんでしたが、「まえがきにかえて」彼女が１９９６年月刊『むすぶ』のために書いた一文をここに紹介します。

母の死は、私たちにあらためて生のはかなさと、それが故のかけがえのなさを教えてくれました。

想像もおよばない悠久の時空の中にたまたまいる私たち。その「たまたま」の存在を、力のおよぶ限り「意義」あるもの、「愛」に満たされたものとすることが、母の理想だったのではないかと勝手に考えています。

多くの方々に支えられて、悔やむことのない人生だったと申しておりました。母がこれまで深く関わってきた反原発運動の芽が、これからも引き継がれて行くことを願っています。

１９９９年２月

＊月刊『むすぶ』96年10月号より

私が長野で〝反原発運動〟を続けている理由

日本基督教団須坂教会会員　坂田静子

棄教から

１９７０年の終わり頃まで、私は社会問題などにはほとんど無関心で、家事や家業の薬局のことしか考えない主婦でした。その年、末っ子も進学して家を離れ、これからは暇をみて読書や趣味を楽しもうと思っていました。若い時に受洗したキリスト教の信仰もあやふやで、悩みながら教会から離れていましたが、その春、子どもの受験の折に、

子の入試　迫りてくれば縋るべき　神もたぬ身も祈りたきものを

という歌を、清水の舞台から飛び降りる気持ちで作ってしまいました。ここで私は自分から棄教の決断をしたつもりでした。もう信仰問題で悩むのは止めた！　というわけです。

ところが、間もなく私は、この決断に反して教会に引き戻される事になりました。年に一度の教会バザーに協力する程度だったのに、牧師と友人から「決心して教会に戻るように」と強く勧められたのです。私は内心〝せっかく吹っ切れたのに今更……〟と思い〝今は別段深刻な悩みもないし、とても本気で信じられないし……〟と反発していました。

でも何故かその年のクリスマスには、１８０度方向転換して教会に復帰することになってしまいました。「今しかないのだから……」と言う友人の言葉や、私の抵抗を懇切に受け止めて下さった牧師の対応に〝本当に今しかないのかもしれない〟と追いつめられて読んだ聖書の一節「ザアカイよ、急いで下りてきなさい。今日、あなたの家に泊まることにしているから」（ルカ19章5節）というイエスの言葉を、そのまま私への呼び掛けとして聴くことができたのです。洗礼を受けてから35年、やっと心から感謝してクリスマスを迎えることができました。

でも、喜んだのもつかの間、その幸せには思いがけない〝おまけ〟がついてきて〝こんなはずではなかった!〟という気がしてきました。なにしろ、若い時から学校や教会で聞いてきた〝信仰生活〟というものは、私の理解では、神に愛され、人を愛し、いつも不安なくだれとも争わない……、そんなイメージを描いていたのですが……。

ところが現実は案に相違して、私はたちまち毎日のように夫と論争する羽目になってしまいました。当時は「靖国神社国家護持法案」で国会が揉めている最中でしたが、教会でも一部の教会員がよく問題提起され、説教の中でも度々触れられましたので、何が問題なのか知りたくて勉強を始めたのです。夫の兄が戦死して合祀されていることもあり、それまで靖国神社について何の疑問も持たなかった私でしたが、問題点が分かってくると黙っていられなくなりました。

靖国問題と日本キリスト教団の戦争責任

実は教会に復帰してすぐ牧師から渡された「第二次世界大戦における日本基督教団の責任についての告白」という次の一文に私は大きなショックを受けていました。

「世の光」「地の塩」である教会は、あの戦争に同調すべきではありませんでした。まさに国を愛する故にこそ、キリスト者の良心的判断によって、祖国の歩みに対し正しい判断をなすべきでありました。

しかるにわたくしどもは、教団の名において、あの戦争を是認し、支持し、その勝利のために祈り努めることを、内外にむかって声明いたしました。

まことにわたくしどもの祖国が罪を犯したとき、わたくしどもの教会もまたその罪におちいりました。わたくしどもは「見張り」の使命をないがしろにいたしました。心の深い痛みをもって、この罪を懺悔し、主にゆるしを願うとともに、世界の、ことにアジアの諸国、そこにある教会と兄弟姉妹、またわが国の同胞にこころからのゆるしを請う次第であります。

（中略）

わたくしどもの愛する祖国は、今日多くの問題をはらむ世界の中にあって、再び憂慮すべき方向にむかっていることを恐れます。この時点においてわたくしどもは、教団が再びそのあやまちをくり返すことなく、日本と世界に負っている使命を正しく果たすことができるように、主の助けと導きを祈り求めつつ、明日にむかっての決意を表明するものであります。

1967年3月26日

日本基督教団　総会議長　鈴木正久

長年教会から離れてはいたものの「教会はいつも正しい」と信じていましたから、戦時中の教会が国策である戦争に協力し、アジアの国々を抑圧する側に立った、というこの告白を読んだ時は体が震えるほどの思いでした。そして私が今後キリスト者として生きるからには、その時代の問題に目を開き、時代の見張り役をしなければならない、と痛感しました。だから靖国問題も見過ごすことができなかったのです。

でも夫との会話には何かと言えば〝靖国〟が出てきて結局は気まずくなり、泣いてしまうこともありました。信仰が持てたら心穏やかに、満ち足りて暮らせると思いこんでいたのに、全然見当違いでした。何故こんなことになるのか、私が間違っているのだろうか、と自問自答をくり返し、こんなことがあるとは誰も言わなかったと恨めしくさえ思いました。

合成洗剤の危険性についても勉強を始め、仲間を見つけて関わり始めました。夫を説き伏せて、店で安全な石鹸を扱うことにしましたがこれもなかなか抵抗がありました。「家は薬局なんだから、薬以外は売らない！」と言うわけです。なにしろそれまで鳩のように従順だった私が急に変身したのですから、夫も戸惑ったに違いありません。

そういう身近な問題にぶつかっては戸惑い、苦しんでは祈りながら数年が経つうちに、夫も靖国問題にかなり理解を示すようになり、町の会計役になった時に、それまで区費から一括して出されていた神社への寄付が、氏子の任意の寄付に代わりました。夫が役員会で従来のやり方に異議を唱えてくれた結果でした。

突然降りかかってきた〝原発問題〟

長女がイギリス人の男性と結婚して日本で一児をもうけ、その後、夫の出身地である英仏海峡のガンジー島に住んでいるのですが、向こうへ行ってから生まれた第二子に重い障害があることが出産前に判り「生まれても育つ見込みはない」と言われました。それを予定日の1か月ほど前に「お母さん、驚かないで」と娘から電話で知らされた時の驚き……。慣れない異国の地でそのような出産に耐えなければならない娘の苦しみを思うと、身の置きどころもない辛い毎日で、夜も眠れない日が続き、結局、その子は生まれて数時間の命でした。それが１９７６年の秋のことでした。

越えて翌年2月、娘からの手紙がまたまた私を驚かせました。対岸のフランスのラ・アーグに原発の使用済み核燃料の再処理工場があり、それまでの操業で周辺の大気も海も汚染され、海産物から高濃度の放射線が検出されているというのです。すぐ近くのオルダニー島では牛乳が汚染されて海に捨てられたこともあるとか。

その上、今度は、日本の使用済み核燃料再処理を大量に引き受けるための拡張工事が始まり、反対運動が激しくなっているが、日本では報道されているのだろうか、という内容でした。それまで、日本の核燃料再処理がイギリスに委託されていることは聞いていて、気に掛かってはいましたが、子どもたちのすぐ近くでそんなことが起こっているとは知りませんでした。そしてあの子の異常もその故だったのではないか、と思い始めたのです。

再び眠れない日が続きました。今、3歳の孫も危ない！　どうしたらいいのだろう、私に何ができるのだろう、と毎日毎日考えあぐねた末、石鹸運動を一緒にやっている友人に悩みを打ち明けたところ、その少し前に須坂市で講演をして下さった宇井純先生に相談してみたら、と助言されてお電話し、原子力のことなら松岡信夫さんが詳しいからと教えて下さったので、面識のない松岡さんに思い切ってお電話をしました。これが松岡さんとの出会いの始まりでした。

二日後、松岡さんから10数冊もの原発関係のパンフレットが送られてきて、慣れない用語に戸惑いながら、しゃにむに読み続けました。読んでゆく中に、〝原発＝核〟の恐ろしさに居たたまれなくなりました。事故の危険性、始末に負えない放射性廃棄物、ことに半減期2万4000年のプルトニウムが未来の子どもたちをどれほど苦しめるか、想像するのも辛いことでした。
「われわれの先祖は罪を犯してすでに世になく、われわれはその不義の責めを負っている」という旧約聖書の言葉（哀歌5章7節）が身に迫ってきます。

『聞いてください』の発行

そこへ「東京の自主講座で反原発の集会があるので出てきませんか。そこで娘さんの手紙の話もして下さい」と松岡さんからお誘いがあり、取るものもとりあえず上京し、初めての反原発集会に参加しました。そこで、奄美の徳之島の核燃料再処理工場反対運動や新潟県柏崎の原発反対運動を知り、またフランスの反対派の方のお話も聞きました。私も娘からの手紙の報告をしましたが、その時頂いた各地のチラシに本当に勇気づけられました。

家へ帰ってから、何をすればいいのか毎日祈り、考え、また周囲の人々にも原発の怖さを話しましたが、その当時の多くの人はほとんど関心がなく〝暖簾に腕押し〟という感じでした。その時、東京から持ち帰ったチラシにヒントを得て、私もチラシを作って友人や知人に配ろう、と思い立ったのです。

松岡さんからいただいたパンフレットの題「水をください」から「聞いてください」とい

う題を思いつき、訴えをまとめてガリ版を切り、わら半紙1枚のチラシを公民館の手回し輪転機で１００枚刷ったのが5月の末でした。それがたまたま、公民館に来ていた信濃毎日新聞の記者の目に止まり、取材を受け、夕刊にかなり大きく報道されました。まったく思いがけない体験でした。

その記事を読んで関心を持って下さった有志が集まって「長野で原子力を考える会」が発足し、まず『モンタギュー村の核戦争』というアメリカのたった一人の反原発運動の映画を見て、続いて柏崎の反原発グループとの交流を始めました。公害問題等に関わってきた人たちが多かったので行動力があり、それから毎週のように柏崎まで支援にゆく人もいました。その頃すでに問題になっていた新潟県巻町の「公開ヒアリング」の反対行動に参加した人もいます。

１９７９年、アメリカのスリーマイル島原発事故後は、毎月28日に月例ビラを作って駅前で配ったり、講演会、学習会、映画会、コンサート等々、微力ながら皆で力をあわせてできるかぎりのことをやりました。その間『聞いてください』は35号まで発行し、部数も増え、かなり方々へ送るようになってきました。

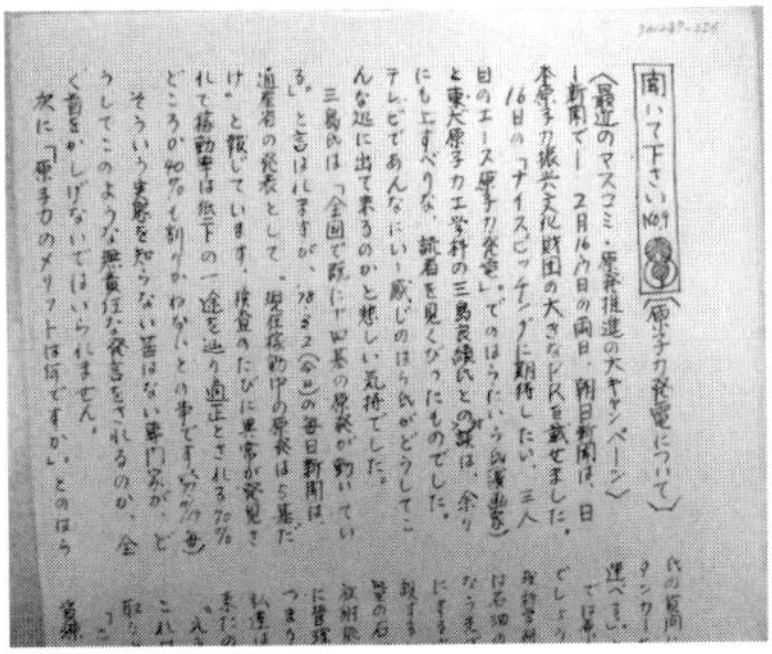

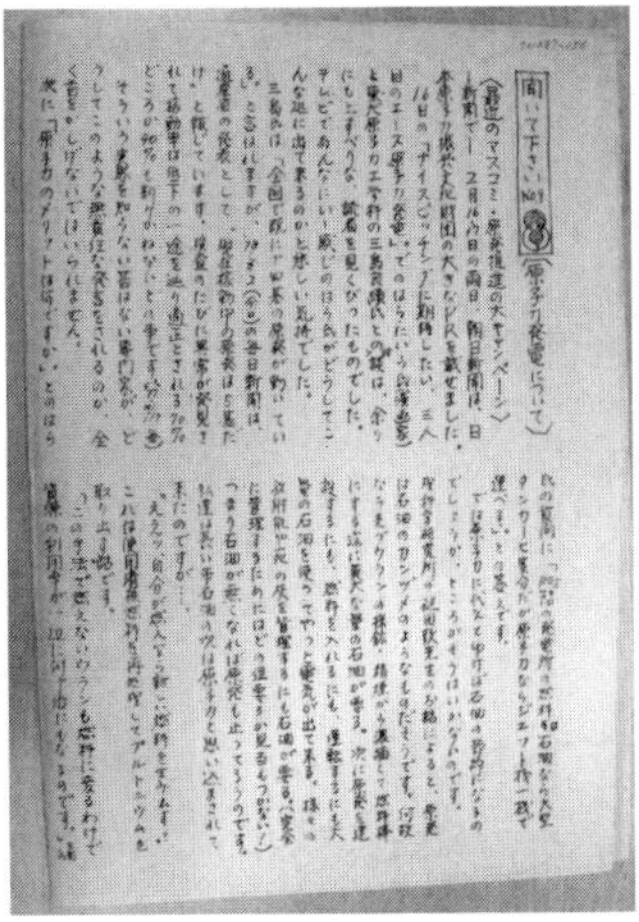

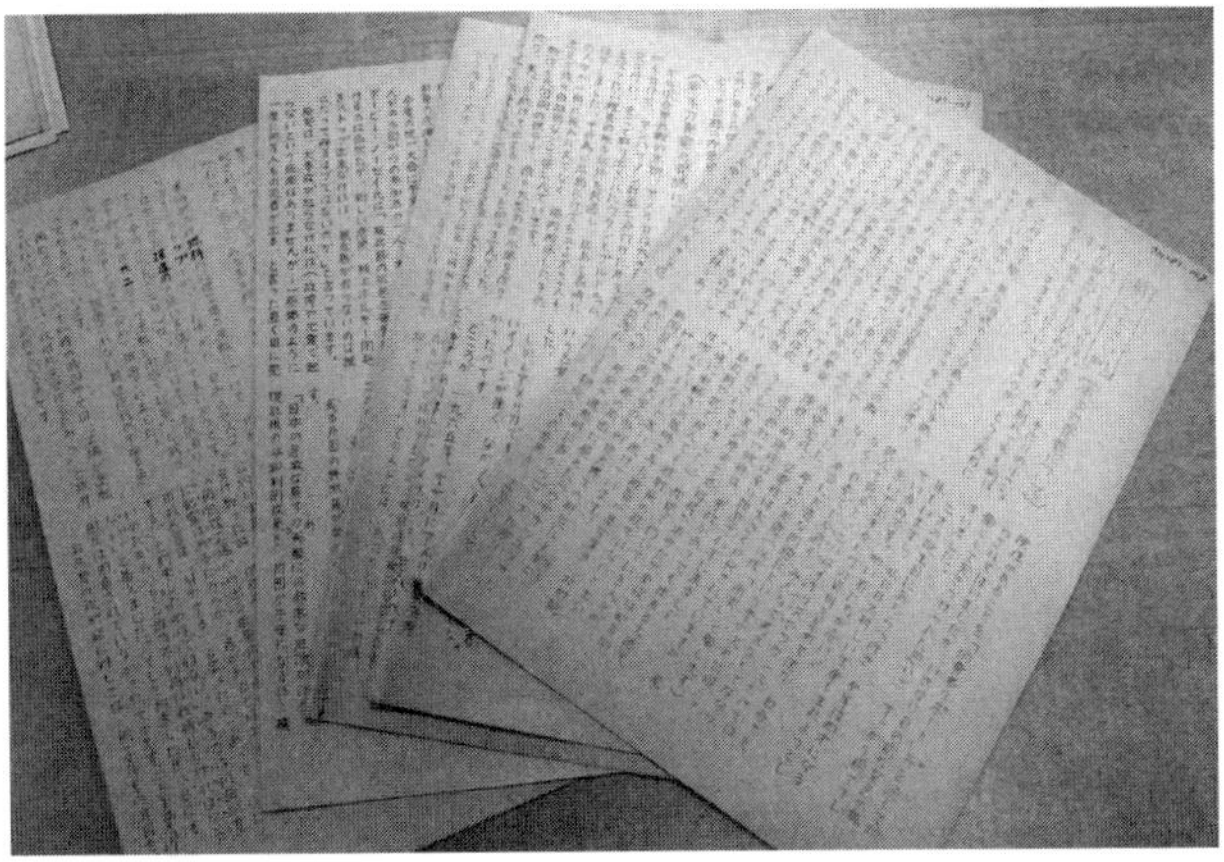

オリジナル版『聞いてください』
（写真協力：埼玉大学共生社会教育研究センター宇井純公害問題資料コレクション）

恐れるな、語り続けよ……

そこへ1986年のチェルノブイリ原発事故！

その秋、長野市で開いた広瀬隆氏の講演会には900人の参加者がありました。長野市や更埴市（現千曲市）の仲間も増えたのを機に「脱原発・北信濃ネットワーク」を作り、通信も『山国の反原発だより』と名前を変えて1号からスタート、現在68号までになっています。

昨年（1995年）9月、長野市で「原発を憂慮する市民と、科学技術庁（現文部科学省）・動燃（動力炉・核燃料開発事業団）との対話集会」を開き、その中で納得できないことも多かったのですが、12月8日〝もんじゅ〟の〝ナトリウム洩れ火災事故〟が起こり、国の原発政策のほころびが誰の目にも明らかになってきました。

その後、国民の不信感に対応を迫られて開催された科技庁主催の円卓会議はすでに10回を重ねたようですが、その第2回になぜか私も招聘され、日頃の思いや要求を述べてきました。私を含め、批判的な意見が今後どう活かされてゆくのか、ここでも見張り役の責任があると思っています。

8月4日の巻町の住民投票は〝原発ノー〟が3分の2を占め、日本の原発政策がようやく曲がり角に直面しているように見えます。でもここで気をゆるめず、もっと多くの人々が巻町の人々のように本気で考え、本気で動くようにならないと、まだまだ危ないと思います。「文化生活を維持するためには原発は必要」と思いこんでいる人も多いし、原発をもっと造り、プルトニウム利用政策をこのまま進めたい力はとても大きいのですから……。

原発の無い長野の地で、これまで小さいながらも反原発運動を続けてこられたのは、多くの先生方のお力添えがあったからです。その中で、3年前に大切な松岡信夫さんを失ったことは、悔やんでも悔やみきれません。何かにつけてどんなに励ましていただいたことでしょう。

行動を共にしてきた仲間の一人ひとり、そして今も新たに加わって下さる若い人々にも勇気づけられ、希望が湧いてきます。また、各地からの励ましのお手紙やカンパなど、身に余る支援をいただき、感謝と共に重い責任を感じています。

そして最後に私は、私の原点である聖書の言葉「恐れるな、語り続けよ、黙っているな、あなたにはわたしがついている」（使徒行伝18章9節）に帰ってゆくのです。

聞いてください

もくじ

第3章 聞いてください 〝スリーマイル島〟の恐怖を

凡例

一、本書は、１９９９年8月発行の『聞いてください　反原子力発電のメッセージ』を底本としました。

一、「第5章　聞いてください　再び、子どもたちのために……」は、『須坂新聞』１９９６年7月6日〜8月31日まで4回連載（毎週土曜日発行）したものを再編集しました。

一、新装版に際し、１９９９年版の記念誌的要素を含む記述は、割愛いたしました。

一、漢字については、原則として正字体とされる字体を使用しました。

一、仮名遣いは、振り仮名も含め、原則として現代仮名遣いに改めました。

一、新装版のデータ、および単位等は、原則として発表時のものとしました。

但、「ヨー素」を「ヨウ素」等の表記に改めたものもあります。

一、年号の表記は、基本的に西暦表記としました。　例◎「１９８６年」もしくは「86年」

一、省庁名は、当時の省庁名の下のカッコ内に、現在名を付しました。　例◎通産省（現経済産業省）

一、肩書きは発行当時のままとしました。

一、各見出しの日付は、底本『聞いてください　反原子力発電のメッセージ』のものです。

第1章 ● 聞いてください　子どもたちのために

ムラサキツユクサの警告

*77年5月29日

娘からの便り――幼いものたちが危ない！

2月の終わり頃、英仏海峡の小さな島で夫や子どもと暮らしている娘から、次のようなショッキングな便りが来ました。それによると、

「対岸のラ・アーグ（仏）に原子力発電（原発）の再処理工場があって、そこから洩れる放射能で牛乳や海産物が汚染されて被害が出始めている上に、近く大拡張の予定との事で、しかもそこでは日本の原発の廃棄物の大部分が再処理される予定との事です。万一大事故が起これば25マイル以内は吹き飛んでしまうといいますが、そうでなくとも大気中や海に放出され続ける放射能の影響が恐ろしいので、皆で相談して反対してゆくつもりですが、英・仏と国も違い、ここは人口が少ないので、どこまでやれるか不安です。日本ではこういう事を知

っているのでしょうか。反対している人もいると聞きましたが……。資料があったら送って下さい」というものでした。

私もこれまで原発の危険性について「消費者レポート」等を通して知らされ、心配はしていましたが、いきなり目の前に緊急の課題として突きつけられた思いで、すっかり慌ててしまいました。

2歳の誕生日にあちらへ行き、今年は4歳になる孫もいますし、秋には次の孫も生まれる予定です。幼いものたちが危ない！

急いで東京の反原発グループを捜して連絡を取り、送られて来た資料を娘にも送り、自分でも夢中で読みました。するとこれは外国の問題だけではなく、日本でも今すぐ、皆で考えなくてはならない、本当に大変な問題だということがひしひしと身に迫って感じられました。原子力発電の安全性や必要性は日本でも大きくＰＲされて来ましたが、危険性、問題性はあまり報道もされていません。

浜岡原発――ムラサキツユクサの雄しべが変色

電力会社や政府は、原発で故障が起こってもできるだけ隠そうとし（美浜では大事故が4年間隠されていた)、原発で働いていた人々が癌や白血病になっても放射能の故ではない、と言い続けています(ことに下請労働者の被曝が大きな問題)。

けれど京都大学の市川定夫博士の研究によると、静岡県の浜岡原発の周辺に植えたムラサキツユクサの雄しべの細胞が、原発運転時に青からピンクに変わり、特に風下では色の変化が顕著で、放射能の影響による突然変異を明らかに示しているということです。その放射能は植物にだけ作用するわけではなく、人の細胞、ことに細胞分裂の盛んな胎児や乳幼児への影響が心配されています。ムラサキツユクサのように、すぐ目に見えないだけのことです。20年、30年先のこと、子どもや孫、またその子どもたちのことが心配です。

自然界にも放射能は存在し、人間は否応なしにそれを浴びているのだから、少しくらいのことは心配ないと言う人もあるそうですが、自然界のものと、すぐ近くに強力な発生源のある人工の放射能とでは比較にならない影響力の差があるそうです。

また、原発の排水中に含まれる放射性物質は、最初は微量であっても、海草やプランクトンに吸収され凝縮され、さらに魚、貝などにも凝縮されて何百倍、何万倍となって私たちの体のなかに入ってきます。

イギリスのウィンズケールにも再処理工場があり(そこではすでに日本の使用済核燃料の再処

理をしています）、そこでも放射能洩れは日常茶飯事だそうですが、付近の住民が食べるポルフィラという海草が汚染されて放射能障害を受けたとのことです。

再処理工場というのは、ただでさえ危険な原発の、さらに３００倍もの放射性毒物をつくり出してしまう所で、それだけの排出を止むを得ないものとして認められています。煙突は原発の2倍の高さにし、排水管は沖合2キロメートルまで延長して、その上、再処理によって取り出されるプルトニウムは、原爆の材料となり、１グラムで１００万人を肺癌にするという猛毒で、その放射能の半減期が何と2万４０００年！　ということです。

より快適な生活のために

アメリカのカーター政権は、日本を始め各国に再処理をしないように働きかけていますが、どの国もなかなか断念しそうもありません。

しかし、そんな恐ろしいものを次々と作りだして後始末はいったいどうするのでしょうか。プルトニウムの管理の方法も次々に出る死の灰や放射性廃棄物の捨て場もなく、廃棄物をドラム缶に詰めたものだけでも日本中では８万本も溜まっているそうです。それらは最低数百年の管理が必要とのことですが、誰が責任を持つのでしょうか。こんな悪魔のような遺産を押しつけられて、われわれの子孫はどうやって生きてゆけるというのでしょう。

より快適な生活のために、もっとエネルギーを、原子力発電を、と言ってこれ以上毒物を作り続け、その後始末を子孫に押しつけることは、とんでもない犯罪ではないでしょうか。

「われわれの先祖は罪を犯してすでに世になく、われわれはその不義の責を負っている」（哀歌5章7節）

子孫をこのように嘆かせないために、私たちは今すぐ、真剣に考え始めようではありませんか。

*77年6月22日

原発は〝核〟の平和利用なのですか⁉

原子力発電の発端

第二次世界大戦の末期、アメリカは大きな資力に物を言わせ、マンハッタン計画と名付けた原子力研究の中で、ウランとプルトニウムを使った2種類の原子爆弾を製造し、広島と長崎に投下しました。そのために広島だけでも、24万7000人もの人々が一瞬に死んだだけでなく、胎内被曝した子どもたちまで後々白血病などで苦しんでいます。

戦後も大国間の競争で、ますます大型の原水爆を作り続け、実験を続けて止まるところを知りませんでした。

その間、大量の放射性毒物をまき散らして多くの被害を出し、成層圏には凄い量の放射能が留まっていて、今後長年に渡って徐々に地球上に降ってくるという事です。最近癌や白血病が多いのも、その影響ではないかと言われています。

多くの非難と反省の中で、この巨大なエネルギーとその設備を、軍事目的以外に利用できないかという模索が始まりました。いわゆる原子力の平和利用です。

原子力が爆弾としてではなく、動力としてアメリカで最初に用いられたのは、航空母艦と原子力潜水艦でした（1954年）。イギリスでは1953年に発電と同時に原爆用プルトニウムを作り出す目的で原発を造る計画が発表されました。このように原子力の開発にはいつも軍事目的が伴ってきました。

原子力発電は、実験用の原子炉では、莫大な設備投資の割には発電量がわずかで採算が取れないので、1964年頃からアメリカで「平和的な実用炉」という名前で、急速に大型原発炉の建設が進められました。

しかしアメリカでも、核とか原子力は、爆弾の悪いイメージが強く、なかなか国民の同意が得られなかったのです。

謎の大停電……

ところが、1965年12月にアメリカの東海岸で大停電がありました。アメリカでは、電気が無ければ何一つできない生活様式になっているため、多くの凍死者が出ました。その大停電の原因は今も解っていませんが、解っているのはこの事故の直後から大型発電用原子炉の建設がどんどん進められた事です。アメリカでは今でも、あの停電事故は原子力発電に「ゴー」を下すための策略ではなかったかと語られているそうです。

そのようにして出発した原発は、始めのうちはあまり問題がないように見えましたが、実は原子力行政の持つ秘密性が、真実が公表される事を押さえていたわけで、後でわかった資料によると、相当量の放射性物質を液体や気体の形で外に出していたし、原発周辺の幼児の死亡率もぐんと上がっていたのでした。

日本の場合は、英米の盛んな売り込みにあおられて、１９５３年にまずイギリスから原子炉を輸入し、次いで１９７０年の万博に向けて、福井県の敦賀や美浜に原発が建設されました。

その頃にも推進する例の安全キャンペーンと万博の会場に「科学の粋を集めた原子の電気を」という大義名分に、地元の人々も心配しながらも抵抗し切れなかったのでしょう。その後も若狭湾沿いに次々と原発が建設され、〝原発銀座〟といわれるほどの現況です。

前述した燃料棒に重大な故障があったのは美浜原発ですが、１９７３年６月27日、中国で核実験をやり、その直後に美浜原発の周辺、ことに放水口で放射能が際だって多くなりました。これなども大変気になることです。

以上、主として、『原子力発電』武谷三男編（岩波新書）、『原子力発電と微量放射線の影響』市川定夫著（福島県教職員組合双葉支部公害研究会・編）を参考にさせていただきました。

日本の核廃棄物海洋投棄計画にフィンランドの中学生が抗議！

＊77年7月5日

日本国政府首相　福田赳夫閣下
日本の通信『原通』（1976年10月4日　2239号）は、日本政府が1978年から放射性廃棄物の海洋投棄を開始する計画だと伝えています。日本は今後10年間にドラム缶20万本の固型廃棄物を持つことになり、したがって来年度からドラム缶6000本が試験投棄されるというのです。

私たちは、すべての生命あるものの名において、その計画に強く抗議いたします。

この地球上に存在する水の量には限りがあるのです。そして海はすべての人々が使うものであって、特定の政府や特定の人々だけが勝手に使ってよいものではありません。

海中に投げ捨てられた毒入りのドラム缶が、それから先、いったいどうなるかを、はたして誰が知っているのでしょうか。海底でドラム缶に何かが生ずるかを確実に把握し、それを制御することは不可能です。どのような水の流れが、それらをどこへ運んでいくのかということを、はたして誰が知っているのでしょうか。

いったん海に捨てられると、岩石にぶつかって缶が腐食して放射性廃棄物が洩れ出し、潮にのって拡がることも考えられます。そうだとすれば、ある一国の政府、またある一人の人間に、海の生物たちをそれほど大きな危険にさらす権利が、はたしてあるのでしょうか。もしそうした事故が起きてしまうと、私たちは放射能で汚された海を自分たちの手で浄化することはできないのです。海には無数の動物や植物たちが住んでいます。万一事故が生ずると、放射性廃棄物が拡がるのを誰も防ぐことはできません。そして海の無数の生き物たちは、すべて死に絶えてしまうのです。

海はすべての生物が生まれた場であり、生命のゆりかごです。そうである以上、日本政府は全世界の許可を得ることなく、海洋投棄を実行する権利など無いはずです。

私たちは、あなたに対して、放射能汚染を止めさせるような措置を取って下さるようお願いします。このことを心配し抗議の声を上げているのは、私たちだけではありません。

放射性核廃棄物の恐ろしさを知っているすべての人々は、私たちとともに抗議の声を上げるでしょう。

敬具

3年B組　マルティィナ・ロース　クララ・フィネル　マリア・ウィンバルグ　他12名

――以上の抗議の手紙は、フィンランドの中学生（14歳）たちから、ヘルシンキの日本大使館を通して、今年の1月4日付で日本政府に送られたものですが、4月15日の時点では、まだ日本政府からの返事は届いていないとのことです。

新聞報道から

76年10月4日「放射性廃棄物の海洋処分、試験投棄なら大丈夫。科学技術庁が近く報告。漁業関係者は反発」（『朝日新聞』）

76年10月10日「放射性廃棄物、原子力委が処分方針。固体化し深地底へ（強いもの）海岸と地中を併用（弱いもの）反原発派批判」（『朝日新聞』）

76年10月23日「低レベル放射性廃棄物、昭和53年から海へ試験投棄。科学技術庁の方針。科学技術庁は低レベルの放射性廃棄物の試験的海洋投棄処分を、53年6月頃から3年間に3回実施したいとの意向である。これは10月22日の参院科学技術振興対策特別委員会で、科技庁の伊原原子力安全局長が言明したもの。実施が認められれば、太平洋上の４候補海域の一つで、３回で合計１００〜２５０キュリー程度（ドラム缶で数千本）を、約５０００メートルの深海に捨てる。試験投棄作業は、発足予定の原子力環境整備センターが行い、投棄後の追跡調査は海洋科学技術センターが行う。

科学技術庁は候補地を具体的に明示していないが、東京湾の東南約９００キロメートルの海域（北緯30度、東経１７４度）が適当、としている（『毎日新聞』）。

——以上、自主講座原子力グループ資料より

皆さんはこれを読んで、どのように受け止められたでしょうか。フィンランドのわずか14歳の少年少女たちに目を覚まさせられた思いではないでしょうか。このような事が実行されてしまっては一大事です！

＊77年8月15日

プルトニウム6キロで〝核爆弾〟が一つできる

原水爆禁止統一世界大会

広島と長崎にあのむごい原子爆弾が落とされた8月になりました。あれから32年、あの時辛うじて死を免れたものの、様々な後遺症に苦しんで来た方々も次第に年老いて「原爆体験の風化」という声も一部に聞こえて来ます。

そうさせてはならないとの熱意をこめて、今年は世界各国からも多くの人々が集まって「原水爆禁止統一世界大会」が開かれました。

報道によると、そこでは「核兵器廃絶」が重点的に語られ、「原発や再処理工場の反対」の声が小さかったようですが、人類にとって危険なのは核兵器だけではありません。「平和利用」だと言っても、原発の危険な本質は原爆と変わりません。

今度の大会に不満を表してボイコットした何人かの外国からの参加者の一人、オーストラリアのデービー・ノーゼイ氏は「核兵器の罪悪を指弾し続けるのは当然だが、新しい危険、核エネルギー開発をストップできなければ、核危機が去らないのは誰にだって解るはずではないのか」と言っています。

原発は大事故が起こらなければ（故障や地震で起こらないという保障はありませんが……）、原爆のように一度に何万人もの死者が出る、といったすぐ目に見える被害はないとしても、放射能洩れによる労働者や付近住民の日常的な被曝、環境汚染、子孫への遺伝毒性、その上永久管理を必要とする廃棄物など、日常的であるだけに、原爆よりもっと身近に、直接的に、私たちにとって脅威です。

原発は最終処理の目処が立っていないだけでなく、原子炉そのものも故障続きで、利用率も落ちる一方です。今、福島原発は３基とも故障で停止しています。その修理に当たっている労働者は、危険な強い放射能にさらされているのではないでしょうか。

「原発は安全」と主張する人々は、そういう場所で一緒に働く勇気があるでしょうか。また、自分のかわいい子どもにそれをやらせる事ができるでしょうか。

最近福島原発の労働者に、鼻血が止まらなくなって入院する人が多いと聞きました。またそれらの臨時雇の人々は、短時間の危険な労働に対して普通より高い給料（5分で1万円！など）を得る代わり、労災保険も貰えず、子どもをつくらないという誓約書を取られるという事です。

こんな事が許されていいのでしょうか！

地震大国日本の原発

ある外国の特派員が次の様な警告を発しています。

「日本の急激な原子力開発には非常な危険が伴う。現在核の平和利用政策を、周囲が不安になるほど積極的に推し進めているが、この国に原子炉を設置する事は、他の国に比べてはるかに危険が多い。地震が起こりやすい日本では、原子炉から放射能が洩れて同国を汚染する危険性が高い。だが不思議にも市民運動が起きて政府の原子力政策に抗議する気配は見えない。だからこの問題は比較的隠密裡に処理され、核政策の決定には政府や企業サイドの意向しか反映されない。

問題は、日本政府の目標が、非常に危険のある原子力産業であるところにある。

未来の原子力産業はプルトニウムを使用する。プルトニウム約6キログラムで核爆弾が一つできる（日本にはすでに700キログラムのプルトニウムがあり、100個以上の原爆を作る事ができる）。核の拡散を防ぐ唯一の方法は、全ての国に核爆弾の材料を持たせない事である。それなのに日本はなぜプルトニウムの必要性に固執するのか。プルトニウムを使う増殖炉は未解決の問題が多く、商業炉の建設にはどの国も踏み切っていない。にもかかわらず日本政府は納税者の金を原子力発電に賭けているのである。

増殖炉でプルトニウムを使う事になれば、災害、事故、盗難等の危険がある。エネルギー源としてのプルトニウムの開発には大きな危険がある事を専門家も認めている。しかし日本政府と企業は21世紀には他にエネルギー源が無いから選択の余地はないと主張している。

このような考え方に対して欧米では反対意見が高まっている。管理次第では石油、ガスも21世紀のかなり先まで依存できるし、また太陽エネルギーの開発も目覚ましい。日本も危険なプルトニウムを弄ぶことを止めて、この種の安価でクリーンで豊富なエネルギーの開発にその金を振り向けるべきである」（エコノミスト特派員・ダグラス・ラムゼイ『イングリッシュ・トゥデイ』7月号）

本当に日本は地震国なのです。最近火山活動が激しく、九州でも北海道でも大きな被害が出ています。大地震で電気が止まったら、もの凄い高温で核分裂している原子炉を冷やす緊急装置が果たしてちゃんと働くでしょうか。その保障はないのだそうです。東海地震も心配されていますが、静岡県の浜岡原発は、そんな時大丈夫でしょうか。

万一の大事故の場合の避難方法は、原発の従業員には知らせても、付近の住民には知らされていません。ショックを与える、というので秘密扱いになっているらしいのです。

どの様な時代を選択して子孫に渡すのか。今、大人の私たち一人ひとりの責任が問われています。

子どもの未来のために〝知る努力〟を

＊77年9月12日

成りゆき任せでいていいの？

私は最近、幼い子どもたちのあどけない姿に接する度に、〝この子が大きくなった時、一体どのような世の中になっているのだろうか〟と暗い思いに閉ざされがちです。それは、ほんの数年前まで華やかに思い描かれた豊かなバラ色の世界とは裏腹に、プルトニウムに支配される暗い絶望的な世界さえ予感されるからです。それが思い過ごしであることを願っているのですが……。

東海村の核燃料再処理工場の運転について、アメリカからストップがかかった頃から、日本のマスコミは急に原発推進の色合いを濃くして来たようです。そして今日（78年9月12日）は、ついに日本の主張通りの方針で今月22日から運転が開始される、と誇らしげなニュアンスさえ含めて報道されました。

けれども私は、報道されない周辺住民の不安を思って心を痛めています。

再処理工場から10キロメートルほどの勝田市（現ひたちなか市）では、〝工場が運転されれば40から50ミリレム（rem＝放射線の線量当量の単位。現在はシーベルトを標準単位とする。1ミリレムは、1シーベルトの10万分の1）の放射能を受けるだろう〟と政府も原子力委員会も認めているのです。

普通の原発周辺の許容量が5ミリレム（年間）ですから、その10倍をも「止むを得ない」としているわけです。再処理工場とは、それほど多くの放射能が出る〝キタナイ〟ものなのです。

そのような状況の下で遮二無二運転が始められようとしています。住民の健康への配慮はどうなっているのでしょうか。5ミリレムと言われているところでさえ植物に突然変異が現れているというのに！

1973年、当時の前田科学技術庁（現文部科学省）長官は、「1975年までに再処理工場から出る放射能を0《ゼロ》にする努力をする」と発言し、次の佐々木長官は「気体の放射能は90パーセントを減らし、液体放射能は10分の1に減らす」と発言しましたが、今年の6月13日、どの程度この公約が実現されたか、という公開質問状を住民から受け取った時、伊原原子力安全局長は、「再処理工場から出る微量の放射能によって、人体に影響があるだろうが、害があるとは言えない。前田前長官は、〝努力する〟と言ったのであって、〝0にする〟と約束したわけではない。原子力は利益が多いのだから少し位の不利益は我慢しなければならない」と答えました。そして約束した28日にも回答は用意されていなかったそうです。（以上『自主講座』78号より）

自然界の放射能に対しては、何万年もの年月を経て何とか順応して来た人間ですが、急速に作り出されてゆく強力な人工放射能に対して、生身の人間は到底耐えられない事を、原子力の専門家は誰より良く知っておられるはずです。「影響がある」とはつまり「害がある」という事でしょう？

私たちは、もっと知る努力を

放射能は目にも見えず、ある程度浴びてもその時すぐには熱くも痛くもないのでかえって手に負えないのです。第五福竜丸（1954年）で死の灰を浴びた漁船員も、その時は何事が起こったのか解らないまま帰って来て、後で様々な障害が現れ、久保山愛吉氏はついに犠牲になられました。一度浴びた放射能は骨などに留まって骨髄を冒し、白血病や癌の原因になったり、体の抵抗力も弱めます。

〝死の灰で？　新生児１００人死ぬ〟（77年7月26日『毎日新聞』）

昨年9月の中国の核爆発による放射性物質が雲によって運ばれ、降雨と共にアメリカ北東部の牧草を汚染し、牛乳を汚染し、それによって少なくとも新生児１００人が死亡した。直接の原因は肺炎や胃腸障害であったが、汚染された牛乳を飲んだ新生児は、死の灰のため体の免疫組織が冒されていて、抵抗力がなかった（ピッツバーグ大学・アーネスト・スタングラス博士発表）。

フランスの再処理工場付近では、新生児に新しい型の白血病が全国平均の10倍も発見された。それは背骨が割れて、骨の中身が溶け出すという致命的な病気である（西尾昇『技術と人間』77年3月号）。

放射能による遺伝的影響は、子どもに出なくても孫の代に現れる事もあると言われるので、自分が被曝者である事を未だに子どもに打ち明けられない、という新聞記者の匿名の告白も読みました（77年8月7日『毎日新聞』）。

この様な様々の恐ろしい事が「少し位の不利益」などと言えるものでしょうか。私たちはこれらのことを知ってなお、黙って事態を見過ごし成りゆきに委せていていいのでしょうか。

今、世界中で、表面では滔々《とうとう》と原子力発電が推進されているようですが、この事を本当に心配している人も沢山います。

アメリカでも、フランス、イギリス、ドイツでも、もちろん日本でも、各地で反対運動が起こっています。この力強い底流が歴史の流れを変える事ができるかもしれません。

私たちも、子どもたちを愛し、その未来を心配するならばまず、「知る努力」を始めなければならないと思います。「知らなかった」では済まされない事態が進行しています。知るためには『原子力発電』武谷三男編（岩波新書）など色々な本もあります。

*77年10月5日

想像力を働かせて下さい

柏崎に原発ができる日

今年（1977年）の夏、『信濃毎日新聞』が「水のきれいな日本海で泳ごう」というPR特集を組みました。

そのトップに「変化に富んだ海岸線」という見出しで紹介されたのが柏崎でした。沢山の海水浴場があって、一夏100万人を超える海水浴客で賑わうとの事です。海のない長野県に住む私たちにとっては、日本海はそのまま長野県の海同様に親しんでいる所です。日帰りで海水浴を楽しめるのですから……。

それに私たちの食卓を賑わす新鮮な魚や蟹やイカ、潮の香りも高いワカメやモズク、みんな日本海からの豊かな贈り物です。

その大事な日本海の海岸線の真ん中に、事もあろうに原子力発電所を、しかも日本、いや世界でも最大規模の１１０万キロワットの原子炉を8基建設するというのです。

昨10月４日のニュースでは、建設のための最後の障害だった建設予定地内の市有地売却を、臨時市議会を開いて、反対住民を機動隊でごぼう抜きにして可決してしまったというのです。

こうなっては長野県に住む私たちも無関係、無関心では過ごされなくなって来ました。「尻に火がつく」とはこの事ではないでしょうか。

原発が運転されると、故障がなくても常に微量の人工放射能が環境に放出されて、周辺の生物の細胞に異変を起こしています。また、海に放出される大量の温排水は、その温度で生態系を狂わせるだけでなく、放射能が海草や魚介類に吸収、蓄積されます。そうなれば私たちの食卓の海の幸は何一つ安心して食べられなくなるではありませんか（福井県敦賀原発の放水口付近の海草やイシダイの内臓から高い放射能が検出されています）。

その上、柏崎にはもっと大きな問題があります。ニュースでも触れていましたが、あの辺り一帯は地盤が弱く、原発予定地内にも多くの断層があるのです。電力会社は15～20万年前にできた断層だと言っていますが、住民側が調べた結果では2万年位しか経っていないし、砂丘の下に多くの断層があるそうです。

ただでさえ危険な原発を、しかも世界最大級の物をどうしてそんな断層の上に無理やり造ろうとするのでしょうか。

政府の諮問機関である安全審査会は「危険だと確認できないなら問題はない」と答申し、首相も通産省も相次いで「ゴーサイン」を出しました。

それにしても地元の市議会はなぜ警察隊を動員してまで可決したのでしょうか。市民や自分の子どもたちのことは心配にならないのでしょうか。それとも危険性を知らず、安全宣言を信じ、地元への見返りなど当面の利益に気をとられてのことでしょうか。

柏崎の住民全体ではどう考えておられるのでしょう。遙かな東京へ電力を供給するために、一体どれほどのものを犠牲にしようと言うのでしょう。

（『技術と人間』〝原子力発電の危険性〟１９７６年11月号参照）

原発事故が起きた時の避難計画

福島県や茨城県の地域防災計画の中にも次のようなものがある事がわかりました。住民には「絶対安全だ」と言いながら、実は事故は予想されているのです。それによると、

１　市町村から連絡があったらまず屋内に待機する。

2　火の始末や戸締まりをし、一人一揃いの衣類をビニール袋に密封し逃げる準備をする。
3　警察官や消防団の誘導により指定の場所へ逃げる。
4　避難所では〝被災地住民登録票〟を貰い、日赤や保健所の応急措置を受ける。
この他、危険地域への立ち入り禁止や食べ物の制限、農産物、畜産物、海産物の収穫、出荷の制限も細かく書かれています。

避難区域は茨城、福井では炉心から8キロメートル、福島では10キロメートルです。また、避難区域内の集落ごとの世帯数と人口も調べてあります。場所も決めてあります。

ここの計画を柏崎に当てはめると、避難区域は刈羽村全体と柏崎市街地、そして西山町の大半がすっぽり入ります。何と世帯数にして2万戸、人口にして2万5０００人にもなります。また、この避難計画の中には「国全体に重大かつ激甚な被害を及ぼす大事故」まで起こる、とされています。一度事故が起これば、逃げる途中でも放射能はじわじわと、或いは一気に人々の体を冒し、どんなに治療しても元の健康な体には戻れません。

県や市町村当局は原発の危険性を一番良く知りながら、住民には絶対に安全だと言い張っているのです（「柏崎原発反対同盟資料」より）。

私にはこの最後のくだりがどうしても納得できません。賛成している人々だって被害を受けるのに！　少し想像力を働かせて、自分自身や家族、かわいい子どもや孫たちがそんな目に合う情景を考えたら到底賛成などできないはずではないでしょうか。

10月26日は〝反原発の日〟です。原発を心配する人々が様々な催しを計画しています。注目下さい。そして参加して下さい。

＊77年11月9日

人類の命運にかかわる問題です

反原子力週間のアピール

10月26日は、政府の決めた「原子力の日」でした。当日、各新聞に〝午前7時の原子力〟と題して食べかけの大きなトーストの写真入りの政府公報が出されたことにお気付きでしたか？（税金で！）

毎朝午前7時にトーストを焼くような何気ない暮らしを維持するために〝原子力〟が必要です、という意味なのでしょう。

原子力発電を進めなければ、パンも焼けなくなりますよ、と脅しているようです。本当にそうでしょうか。そんな何気ない暮らしと同じように、そんなに何気ない振りをして危険な原発を造ろうというのでしょうか。

そのような政府主導の「原子力の日」に対抗して、10月23日から10月29日までの1週間を「反原子力週間」として、日本の各地で反原発の住民運動が展開されました。多くの団体と個人が参加してアピールをし、カンパをし、ビラをまき、講演会、公開討論会、映画会等が催されました。日本では初めての全国的規模の住民運動だとニュースも報じていました（私たちは『須坂新聞』にささやかな「反原発広告」を出しました。また68名のカンパと2万7000円を実行委に送ることができました。御協力下さった方々に心から御礼を申し上げます）。

アピールの一部をお伝えしますと、

「……何よりも私たちは、原子力開発体制を進める事が、私たちの子孫の生存をおびやかすような負担を残すことを憂えます。核廃棄物やプルトニウムは、数十万年後の子孫にまで不安を与え続けるでしょう。繰り返される核実験と原発運転によって、大気中、地中に蓄積された放射性物質が、現に私たちの遺伝子をどのように破壊しているか、それが次代にどのように影響を与えるかは量り知れないものがあります。このような人類の命運にも関わる重大な問題について十分な論議を尽くさぬままに、住民運動や開発に反対する科学者の声を押しつぶして原子力開発を推し進めるとしたら、文字通りそれは子孫に対する、生命に対する重大な挑戦であると言わねばなりません。

私たちは、高度成長の予想が露呈し崩壊したこの時点で、日本国民がどのような生活を築いていくのか、その中でどのようなエネルギーを生み出し使っていくのかを、自然と人間のあり方の根源に立ち帰って、自由に論議すべきであると訴えます。限られた専門家の議論ばかりでなく、あらゆる人々が、こうした問題について自由に、真剣に語り合うことこそが、今求められています。そして、そのような議論をつくすことなしに、問答無用式に原子力開発をおし進めることや、金にあかした宣伝は停止されるべきだと私たちは考えます」

◎呼びかけ人：市川房枝、宇井純、小野周、佐多稲子、高桑純夫、高田ユリ、竹内直一、武谷三男、野坂昭如、野間宏、日高六郎、前田俊彦、丸木位里、丸木俊

私たちは選択を迫られています

今、私たちが黙って何もしないでいれば、原子力発電所は次々と建設され、再処理工場では悪魔的物質プルトニウムが生産され続けます（11月7日）。

東海村再処理工場で、運転開始後最初のプルトニウムが約1キログラム取り出されました。先日は操作ミスでプルトニウムがこぼれました（10月13日）。作業員に被害は無かったたって本

当でしょうか？（1グラムで100万人が肺癌になるというのに）

このような状況のもとで、私たちがした、あるいはしなかった結果としての世界に、子どもたちは否応なしに生きることになります。その時になってからでは全然手遅れです。

電力はそんなに足りないの？

この夏は特に電力不足が叫ばれました。ピーク時の予備電力が10パーセントを割ると言い、原因は家庭用クーラーだと言われました（一方でクーラーの宣伝は一向に規制しないのも不可解ですが……。クーラーの売れ行きが良くてメーカーはホクホクだったとか……）。けれど実際は大工場やビルなどの大口需要のためという事は、日曜日には電力消費がぐんと落ち込む事からも明らかです（消費者連盟関西グループが、関西電力と交渉して得た資料による）。

「ピント、ずれてはいませんか。庶民のケチケチ先行させ、大口産業部門に弱腰、通産省の省エネルギー策」という新聞記事が出ました（8月4日『毎日新聞』）。

日本の電力使用割合は、産業用73パーセント、業務用8パーセント、家庭用19パーセントですから、本気で省エネルギーに取り組むには、まず産業のあり方から考えるべきでしょう。

もちろん私たちも、電力に頼りすぎ、便利さに馴れ切った生活を反省する時が来ています。

＊78年1月25日

子どもたちの生命を脅かすものは〝否《ノー》〟

紀勢町の原発汚職

新年（１９７８年）早々、三重県紀勢町の原発建設にからむ汚職が報道されています。

町長さんが、中部電力から受け取った原発運動協力費６００万円の中、２００万円を着服し、別に30万円を町議会に原発賛成派の議員を当選させる選挙資金として貰っていた、という事件です。

人口６０００人のこの小さな町に隣接する芦浜海岸に、原発建設を計画してきた中電は、体育館、保育所、簡易水道施設などを次々に寄付して町民の歓心を買い、町民の中にも反対していれば次は何がもらえるか、という気風さえ生まれていた、とニュースは報じていました。もちろん真剣に反対している方々も多い事でしょうが……。

全国各地の原発建設予定地で、住民の反対を押し切っては議会が誘致を決定する例が多いわけも、何やら推察できるような気がします。

こんな重大な事が、お金で左右されていいのでしょうか。ああまた賄賂かと日常茶飯事のように見過ごす事は絶対できません。他の問題とはわけが違います。これは私たちの子々孫々までを、半永久的に悪魔に売り渡すほどの重大な犯罪なのですから。

30万円とか、200万円とかのお金と引き換えに！　と思うと、あまりの事に涙が出て来ます。

思うに、きっとその町長さんは、原発の危険性を本当には知らなかったし、知る努力もしなかったのでしょう。原発を受け入れる代わりに道路を、公民館を、と期待した人々も多分同じ事なのでしょう。

原子力は安全で力持ち!?

原発の持つ計り知れないほどの危険性は、かなり努力しなければ見えて来ない仕組みになっているようです。長年の安全ＰＲで、私たちの潜在意識の中に〝原子力は安全で力持ち〟〝石油に代わる電力のエース原子力〟等の言葉が沁み付いていますから。

なぜ政府や電力会社は、原発にこれほど力を入れるのでしょうか。各地の原発は故障続きで、去年は今までの最低の40パーセントしか動かなかったというのに！　原発から得るエネルギーと原発建設と維持に要するエネルギーとは、差し引き赤字だというのに（しかも死の灰や、放射性廃棄物の処理費用は、見当も付かないので計算外との事です）。その上、予定通り原発が動いても、石油需要の7.4パーセントしかまかなえないというのに！

偉い人たちが、どのように考えて推進なさるのか、どうしても解りません。私たちに解る事は、〝子どもたちの生命を脅かすものは否《ノー》〟というただ一つの事です。少なくとも、原発が完全に安全な技術になるまでは実用化（商業化）は困ります。でも果たしてその見込みがあるのでしょうか。一昨年、アメリカＧＥ社の４人の原発技術者が〝原発事故は必ず起こる〟と言って会社をやめ、反原発運動に身を投じたという事です。

原発が危険なものであるとしても、現代社会に電気は欠かせないし、石油が有限である以上止むを得ないのではないか、との反論もあります。もし石油が無くなれば原発も建てられないし動かないし、廃棄物の処理もできないのですから、石油の代わりに原子力という考え方は成り立たないのです。

電気が全く無ければ困るに違いありませんが、危険な原子力ではなく、石炭、太陽熱、水力、風力、地熱、波力、温度差発電、メタンガス発電など、様々なもっと安全な発電の可能性があるではありませんか。

私たち自身の生活を考え直しましょう

それにしても私たちはこの辺で生活を考え直す必要があると思います。今以上の経済成長を望み、便利さを追求し、電化生活にどっぷり浸っていていいのでしょうか。昔から繁栄しすぎたもの、巨大化しすぎたものは、ある時突然に亡びてしまっています。人間も二十歳位までに体の成長は終わり、その後は内容の充実が大切なので、体が際限なく大きくなっては大変です。

私たちの社会も、限りない物質的成長を望むのではなく、内面的な文化の成長を考える時が来ているのではないでしょうか。自然をこれ以上破壊しないで自然のサイクルを生かし、人間と自然とが調和した穏やかな生活を取り戻したいものです。子どもたちの未来の平和のために！

第2章・聞いてください〝いのち〟と〝暮らし〟のことを

マスコミの原発推進キャンペーン

お伽話になったプルトニウム

2月16・17日の両日『朝日新聞』は、日本原子力文化振興財団の大きなPRを載せました。16日の「ナイスピッチングに期待したい。3人目のエース原子力発電」での、はらたいら氏（漫画家）と三島良績氏（東大原子力工学科）との対談は、あまりにも上すべりで、読者を見くびったものでした。

クイズ番組でいい感じのはらさんが、どうしてこんなところに出て来るのかと悲しくなりました。

三島氏は「全国で既に14基の原発が動いている」といわれますが、78年3月2日（今日）の『毎日新聞』は、通産省（現経済産業省）の発表として、〃現在、稼働中の原発は5基だけ〃と報

＊78年3月2日

じています。検査のたびに異常が発見されて稼働率は低下の一途を辿り、適正とされる70パーセントどころか40パーセントも割りかねないとの事です（77年11月17日『毎日新聞』）。そういう実態を知らないはずはない専門家が、どうしてこのような楽天的な発言をされるのか、全く首をかしげないではいられません。

次に「原子力のメリットは何ですか」とのはら氏の質問に対して「100万キロワットの発電所の燃料は、石油なら大型タンカー7隻分だが、原子力ならジェット機1機で運べる」との答えです。

では原子力に代えてゆけば石油の節約になるのでしょうか。ところがそうはいかないのです。

理科学研究所の槌田敦先生のお話によると、原発は石油のカンヅメのようなものだそうです。何故ならまずウランの採鉱、精錬から濃縮して燃料棒にするまでに莫大な量の石油が要る。次に原発を建設するにも、燃料を入れるにも、運転するにも大量の石油を使ってやっと電気が出て来る。さまざまな放射能物質や死の灰を管理するにも石油が要る（完全? に管理するためにはどの位要るか見当もつかない!）。

つまり石油が無くなれば原発も止まってしまうのです。

私たちは長いこと、石油の次は原子力、と素直に思い込まされて来たのですが……。

〝ええッ、自分が燃えながら新しい燃料を生み出す？〟これは使用済核燃料を再処理してプルトニウムを取り出す話です。

「この手法で燃えないウランも燃料に変わるわけで、資源の利用率がいっぺんに何十倍にもなるのです」三島氏。

「それが有名なプルトニウムですか。いや驚いたな〝灰の中から花を咲かせる種が出て来る〟という訳ですね。現代版花咲か爺さん、という感じだ」はら氏。

ここでは猛毒のプルトニウムが、いとも手軽にさりげなくお伽話にたとえられています。国民が安心して原発に賛成するように！　でも果たして私たちは安心していいのでしょうか？

人間はミスをします

2月27日、午後4～5時、ＳＢＣ（信越放送）で「新エネルギー事情・東海村の男たち」を放映しました。

女優のうつみ宮土理さんが、白い作業服にヘルメット姿で、例の屈託のない調子で工場の内外を見学し、働いている人々にインタビューしていました。

目に見えないさまざまな危険性を知らないであれを見れば、これだけ科学の粋を集めた近代的な設備なら大丈夫だろう、と思ってしまうかもしれません。明らかにそういう目的で作られた番組でしたから……。

でも映されないところ、見えないところにある危険性を思って肌寒い思いをした人々も多かった事でしょう。〝東海村で配管爆発、けが人、汚染は免れる〟（77年11月3日『信濃毎日新聞』）、〝操作ミスでプルトニウムこぼれる。作業員に被害は無かった〟（77年10月13日『毎日新聞』）、等が報道されています。本当に大丈夫だったのでしょうか。そうであったとしても今後の事が心配です。人間はミスをするのです！

半減期は2万4000年！

先のテレビ番組の中で、科学技術庁（現文部科学省）前長官の宇野宗佑氏は、昨年の再処理についての対米交渉の成功を、誇らしげに次の様に語っていました。

「こっちはビールを作る工場を造ったのに、そこでサイダーを作れ、というような無理な話ですよ」と。

これは視聴者の目を、プルトニウムの恐怖からそらせようとする表現としか思えません。いったい、プルトニウムがビールやサイダーと比べられるようなしろものでしょうか！

◎たった1グラムで100万人が肺癌になるというのに！

◎ソフトボール位の大きさで、学生でも1個の長崎型原爆を作る事ができるというのに！（東海村では昨年中にすでに7キログラムできています）

◎その猛烈な放射能が半分になるのに2万4000年もかかるというのに！　4分の1になるまでは5万年！

こんな悪魔的な物質を人工的に作り出してゆく事に日本の政治責任者たちは何故こんなにも熱心なのでしょう。アメリカでは原発はもう見切りをつけられようとしているのに……。

犠牲を強いるのが原発です

＊78年3月28日

原発社員の内部告発

中国電力は、山口県豊北町に原発建設を計画していますが、その中国電力の労組員が、原発の危険性を訴えるビラを、約5000戸の住民に配りました（3月23日『朝日新聞』）。その内容は、原発は、①常に放射能がばらまかれる、②大事故が起こらない保証はない、③漁場が破壊される、④電気料金が高くなる等の他に、原発の社員は、「地元の魚を買わずに松江で冷凍魚を買っている」「もっと発電所からはなれたところに住みたい」「他に転勤するまで子どもを生みたくない」等というものでした。原発からの内部告発は、日本では初めての事だそうです。この不況下に、職を賭しての内部告発はさぞ勇気が必要だった事でしょう。それだけに現場の方々が直面している問題の深刻さが察せられます。案の定、会社はビラの内容を全面否定する広報を急いで各戸に配り、労組に対しては「重大な決意で対処する」と警告しているとの事です。

私たちは、勇気のあるこの人々を孤立させてはならないと思います。ここでは約2000人の漁民も「大切な魚の宝庫を守れ」と反対しています。私たちも今後の成りゆきをよく見守ってゆきましょう。

労働者の人柱の上に建つ原発

テレビ等で宣伝される限りでは、近代科学の粋とも見える原発も、正社員の5〜7倍の下請け労働者の働きで支えられています。正社員は安全教育を受け、労災も適用されますが、下請けの人々はきちんとした教育も受けず、自分の浴びた放射線量も正確には知らされず、労災保障もないまま危険な仕事に従事しています。

原発は各地で故障が続出していますが、その修理のためには特に多数の労働者が集められます。放射能の強い所は人海戦術で修理しなければなりませんから……。

原子炉内部の修理、冷却水のパイプの取替え、汚染された作業服やマスクの洗濯、放射性廃棄物の運搬等々。そして許容量以上の放射能を浴びれば、ある日理由も告げられずに解雇されるのです。

◎ある労働者の声（『週刊ポスト』77年10月11日号）

「１か月に５００ミリレムの放射能を浴びっとダメなんだ。そんな時はパンクしたっていうんで中さ入らねえ。……中さ入る時はアラームメーターってのを持ってゆく。これは許容量以上浴びるとブザーが鳴る。普通は30ミリレムにセットするんだが、仕事をもっと進行させせねえとまずいな、なんて時はそれを50にも70にもセットして入って行くわけだな」

◎大阪大学講師・久米三四郎氏（放射線科学）談（『週刊ポスト』同）

「私の知人は、美浜原発でＥＴＣという事故発見装置を５分間動かしただけで被曝し、その〝放射線作業従事者手帳〟には１３００ミリレムの集積線量が記入されていました。１度にですよ。こんな危険な事が下請労働者に課せられているんです、原発では」

◎村井国雄さんの場合（『アサヒグラフ』77年11月４日号）

村井国雄さん（44）は、昭和45年、敦賀原発でタンクの水洩れを拭き取る作業中、メーターが振り切れるほどの被曝をし、会社の指定医の検査を受けたところ、「血液に異常はないから安心しろ、人には言うな」と言われましたが、その後発熱したり、歯が欠けたり、髪も白くなり、体がだるくて働けなくなりました。

6年後の昭和51年になって市議会で取り上げられ、会社から600万円の示談金を受け取ったとの事ですが、お金はそれまでの医療費や借金返済に消え、健康は戻りません。

去る2月18日の国会で、公明党の草野威氏がこの事を取り上げ、「明らかに放射能の被害だ」と追求しました。熊谷科学技術庁（現文部科学省）長官は、「十分調査して報告書を出す」と答えましたが、これまで「原発労働者に放射能による被害はない」と言い続けてきた政府は果たしていつ、どんな報告書を出すのでしょうか。

このように、見えないところで労働者を人柱にしてゆくような仕組みの上に、私たちは安閑としていていいのでしょうか。「健康」という、人間にとっての基本的な条件が破壊されてゆくとすれば、文化生活とか経済成長など、全くむなしいものではありませんか。

もし現在の政策に沿って、目の前の景気対策として次々に原発が建てられてゆき、他産業の失業者が原発に職を求めてゆく有様を想像してみてください！

一億総ヒバクシャの時代

景気対策はもっと違う方法でしてほしいのです。資金は私たちの納めた税金であり、電気料金なのですから。

　ことに、これから父親になる青年を原発で働かせてはなりません。スライドで見ましたが、現に多くの青年が働いています！　ムラサキツユクサの突然変異で明らかなように、放射能は遺伝子に影響を与えますから、子や孫の代に何が起こるか解りません。

広島・長崎の事は過ぎ去った問題ではなく、現在の現実の私たち全体に関わる問題です。

中国電力の内部告発にあるように、原発周辺に放射能がばらまかれるなら、日本人は遠からず一億総ヒバクシャとなり、私たちの子孫に未来は無い、とさえ言えるでしょうから……。

人類と共存できない原発

伊方原発訴訟の判決――四国・愛媛県

4月25日、伊方《いかた》原発訴訟が住民側敗訴となりました。この裁判は、原発の安全性を問う本格的な科学論争で、世界的な注目を集めていました。

原告は33名の地元住民で高齢者が多く、長い年月ひたすら〝孫たち〟のために「危険な原発」の停止を求めて戦ってこられたのです。

全くの素人が、専門の学者の協力を得て「原発」について学習を重ね、安全性を主張する国や電力会社と対等以上の力で論争を続けて来られたのですが、その記録を読むと、国側証人の方が返答につまる事がしばしばで、「原発は人類と共存できない」という住民側の主張が正しいとしか思えません。しかし裁判長は一方的に「原発は安全」として原告敗訴としま

＊78年5月18日

した。

判決後、原告代表のお年寄りの方が、沈痛な面持ちで、眼を閉じたまま「ＥＣＣＳ（非常用炉心冷却装置）、微量放射能、温排水、廃棄物、どの一つにもこの判決は答えていない。私らはこれからも戦い続ける」と言い切られた言葉と、掲げられた「辛酸入佳境《しんさんまたかきょうにいる》」の垂幕に、断腸の思いと共に、新しい決意を固くした人々も多かったことと思います。

安全審査の一例――地震について

原告側の要求で、安全審査の資料の一部が公開されました。これは、画期的な事でしたが、その内容には多くの疑問点が発見されました。地震については伊方の近くには「中央構造線」という大断層があり、過去に度々地震が起こっていますが、国や四国電力が出していた資料からは、マグニチュード６～８の大地震の記録が４つも欠落していました。

このような資料をパスさせた国の原子力安全審査とはどのようなものでしょうか。重大な問題が山積しているのに、審査機関はたった６か月でした（アメリカでは25か月）。地震だけでなく、数々の住民の真剣な「安全性への疑問」を全面的に切り捨て「原発は安全」とした判決に大きな疑問を感じます。

国側証人の応答の一例

国側は一貫して「微量放射線では何も障害は現れていない」「あったとしても極く稀れである」「その関係は明らかでない」等と言っていますが、住民側が最近の数々の例を挙げて質問すると、国側のK証人は返事ができず「知らない」「その論文は読んでいない」と小声で答え、頭をかかえてしまう有様だったといいます。他にもこのような例がたくさんあるのです（『技術と人間』77年10月号）。

原発反対の町長さんが大差で当選！

中国電力の社員が「原発は危険！」というビラ配りをしたあの山口県豊北町で、「安全性が確立していない原発を阻止することは正義だ」と主張している藤井澄夫氏が、原発賛成の候補に大差をつけて町長に当選されました。

藤井氏は保守系とのことですが、「平和な町と生活を守るのが保守本流」「ちょっと勉強しただけで原発が未完成だということがよく解った」「理屈抜きで漁民の不安がよく解る」と言い、漁協の人々、ことに婦人たち、また、多くの住民の圧倒的支持を得たのです。

住民の健康を守り、農・漁業を守り、子孫を放射能から守る、この当り前の事を主張するのに保守も革新もないわけでした！　すばらしい事実です！

一方、あのビラ配りをした社員たちに、中国電力は停職処分などの圧力をかけているそうです。しかし彼らは「原発の問題点を知らせるのは電気労働者の社会的責任だ」と堂々と反論して処分の撤回を求めて座り込み、漁民が大漁旗を持って応援に駆けつけているとの事です（マスコミでは報道されませんが）。

漁民、婦人、電力会社の労働者、そして保守系の町長さん、平和な生活と子孫の幸福を守るためにはみんなで手をつなぐ事ができるのですね！

被爆、被曝、そしてヒバクシャたち

*78年9月1日

核禁止統一世界大会

8月6日・9日の原爆の日に当たって東京・広島・長崎で相次いで開かれた「核禁止統一世界大会」について私なりの感想を述べます。

どの会場にも「ノーモア・ヒロシマ、ノーモア・ナガサキ、ノーモア・ヒバクシャ」大きな字幕が掲げられ、核兵器の全面禁止と、被爆者援護法制定の要求が大会宣言として発表されました（被爆者援護法がいまだにできていないとは！）。

この2点は言うまでもなく本当に重要な目標で、多くの団体や個人がこの同意できる点で歩み寄り、統一大会が開けたことの意義は大きかったと思います。

けれどももう一つ、現在新たな「ヒバクシャ」を作り出している「原子力発電」について全く語らないことに釈然としなかったのは私だけでしょうか。

〝ノーモア・ヒバクシャ〟と〝ノーモア・ニュークス〟

「ヒバクシャ」と片仮名で表現するのは、放射能による被害が、原爆による急激な「被爆」と、核実験や原子力施設からの放射線による緩慢な「被曝」とを同時に意味するものと、私は一人合点しています。

原爆被爆者の苦しみが、その当時だけでなく、現在も重く続いていることを、私はこの夏、幾つかの書物を通して今までより身近に知り、これまでの関心の浅さを深く反省させられました。

それと同時に「平和利用」という美名の下に各地で運転されている原発で、放射線による新しい「ヒバクシャ」が数多く出ている、というレポートを読み、体の凍るような思いもしました（詳しくは『技術と人間』7月号〝福島原発・下請親方の被曝証言〟をお読みください）。

私たちがスイッチを入れるだけで、便利に安易に使っている電力の一部を作り出すために、原発では信じられないほど過酷な条件の中で、今日も働いている人々がいるのです。危険な強い放射線に曝されながら、狭くて暑い原子炉の中でパイプの熔接や取替え作業をする人々、親会社から仕事を貰うためには能率をあげねばならず、危険を知らせるブザーが鳴っても仕事を続ける人、体の具合が悪くなっても頑張っている人、付近の農村から集められる素人の労働者（最近は青年が多く採用される）。これらの人々が、将来健康で暮らせるという保証を誰がするのでしょうか。放射線によって徐々に健康が蝕まれ、不調を訴えても管理手帳や医師のカルテは公開されず、下請労働者は被曝を証明する一切の手段を奪われているといいます。また、最終的に責任を取る機関も明らかではないのです。何ということでしょう！

その上、放射線被曝の怖ろしさは、以前にも書いたように、その影響が被曝した個人にとどまらないことです。放射線による遺伝子の突然変異は、多くは劣性なので隠れたまま何世代も伝わってゆき、拡散されてやがて日本人全体が「ヒバクシャ」になるとも言えるでしょう。この重大な問題を抜きにして「ノーモア・ヒバクシャ」はあり得ないと思うのです。

日本のヒロシマ、ナガサキ・デーに合わせて、アメリカの各地でも反核運動がくり広げられたと報道されましたが、いずれも「ノーモア・ニュークス」（核開発反対）をスローガンにして核兵器と原発の両方に反対しています。原爆と原発は共通の原理の上に開発され、その危険性は紙一重の差であることを知れば当然のことではないでしょうか。日本とのこの違いはどこに原因があるのでしょうか。

プルトニウム汚染事故発生!!

去る７月25日午前、茨城県東海村の再処理工場で、６人もの作業員がプルトニウムを吸い込んだとのことです。プルトニウムを扱うグローブボックスのゴム手袋に小さな穴があき、プルトニウムの微粒子が室内に飛び散ったためと言われますが、怖れていたことがついに現実となりました。

プルトニウムは、極く極く微量でも吸い込んだら最後、ほとんど体から出てゆかないで放射線を出し続け、肺癌や骨癌を起こすといわれていますから、被曝した人々は今どんな思いでおられることでしょう。

続いて８月19日、イギリスの核兵器工場でも、洗濯係の女性数人がプルトニウムに汚染されたと報じられました。でもこのように明らかにされるのは世界中でも氷山の一角ではないでしょうか。

世界中のどこででも、核兵器工場や、原子力発電所が運転され続ける限り、このような「ヒバクシャ」が続出することでしょう。

人間のすることに完璧は望めず、危険な放射能は必ず洩れるとすれば、私たちはアメリカの「ノーモア・ニュークス」の人々と共に、核兵器と同時に原子力発電にも反対してゆかなければならないと思います。

8月4日、大阪では500人以上の市民による反原発のデモが行われ、「ダイ・イン（路上に寝ころんで死を現す）で意思表示がされました。日本では初めてのことでした。

＊78年10月10日

日本は〝電気〟や〝水〟を浪費していませんか？

子どもたちを放射能から守りたい！

「原発に反対です」と言えば、「では代わりのエネルギーは？」という理性的な反問をよく受けます。

でも私たち母親は、この通信のシンボルマークのように、子どものいのちを脅かすものはまず本能的に拒否し、身をもってでも子どもを守らないではいられません。原子力は危険でも、代わりが無ければ止むを得ない、などとは決して考えられないのです。

すでに各地の原発で故障が続発し、放射能も洩れ、幼い者ほどその影響を受けやすいと聞けばなおさらのことです。

県内に原発は無くても……

長野県内に原発が無くても、私たちは無関心ではいられません。狭くて地震の多い日本では、どこの原発に事故が起こっても広範囲に大きな被害を及ぼすでしょう。

まして近くの新潟県柏崎に、反対住民を逮捕してまで世界最大級の原発が8基も建てられようとしているのを見過ごしていていいのでしょうか。例え大事故は無くても、空気も水も次第に汚染され、海の幸も安心して食べられなくなり、海水浴も不安になります。海も大気もみんなのものです。長野県の私たちにも発言の権利と責任があると思います。

原子力は石油に代わるエネルギー？

「石油が無くなるから原発を！」と長年宣伝されてきましたが、原発ではウランの採鉱から発電に到るまで莫大な量の石油が必要で、石油が無くなれば放射性廃棄物の処理もできないまま原発は止まってしまいます。「原発は石油に代わるもの」とは決して言えないのです。

その石油も一時の危機説から一転して、今後60～80年は大丈夫と修正発表されました（アメリカＣＩＡ報告）。

もう無理に危険な原発を造る事を止め、その間に太陽熱、風力、波力など自然を生かす安全なエネルギーの研究に全力を傾け、私たちの生活もそれに合わせてゆく工夫をするべきではないでしょうか。これ以上自然破壊が進めば、人類は破滅するほかありません。

なぜ原発にばかり力を入れるのでしょう

最近、政府の原発計画は以前の半分にダウンしましたが、エネルギー予算は相変わらず原発に偏り、今後10年間に４兆円の巨費が計上されています（77年原発予算１０００億円、太陽エネルギー予算15億円）。

なぜ原発にばかり重点を置くのでしょう。すでに巨額の投資をしているので引き返せないのでしょうか。しかし日本の政治の責任者たちは、原子力が本当に安全な未来のエネルギーだと今も信じているのでしょうか。

将来、放射能に汚染された日本列島に住む自分自身の孫たちに、どのように責任をとるつもりでしょう。

原発推進は経済成長のため？

経済成長のためには原発も必要、という意見があります。去る７月、電気労連が「原発０

K」を表明したのもその立場でしょうか。

けれど、高度経済成長の結果、大気も海も石油化合物などですっかり汚れ、公害実験国と言われる日本で、この上放射能を浴びてまで「物」を作り続け、輸出過剰で外国からも非難されるようなやり方は、一度立ち止まって考え直す必要があると思います。

例えしばらくは苦しくても、何よりもまず〝命〟を大切にする社会を築いて次の世代に手渡したいものです。

私たちの省エネルギー

「原発はお断り」というためには、まず私たちの暮らし方を変えてゆく必要がありそうです。最近海外旅行をした青年の投書に「日本ほど電気や水を浪費している国は無い」とありましたし、外国で原発に反対している人々は、ことに簡素な生活をしているとも聞いています。小さく見える事でも、そのような積み重ねが世の中を変えてゆくように思います。

毎年、特に夏の冷房のために電力が必要で、従って原発が必要だと言われますが、クーラーの排熱で夏の都会の外気は一層高くなっているとのことです。

昨年1年間、8軒の家庭で電気の使用量を記録しましたが、7・8月は他の月よりかえって少なめでした。どの家庭でもクーラーは無く、省エネルギー政策にも協力したわけです（それにしても今年のクーラーの宣伝は盛んでした！）。

日本も核の加害国に！

アメリカ政府はついに東京電力・関西電力の要請を容れ、日本の使用済核燃料再処理の、英仏委託を認めました。

再処理は原発の何百倍も放射能を出して周辺を汚染し、また、核拡散にもつながるのでアメリカ議会や民間にも強い反対があり、日本の市民団体からも抗議したのですが。

このままでは、日本は原爆による核の被害国から、原発による核の加害国になろうとしています。何とかしてこれを止める手立てはないものでしょうか。

10月26日から「反原発週間」です。原発からベビーフードまでの「原子力の平和利用」を心配する人々が、政府の決めた「原子力の日」に合わせて今年も様々な行動を起こします。

私たちも何かできることはないか考えてみましょう。まず原子力関係の本を読んだり話し合ったりしてみませんか。

原爆と原発はウリふたつ!!

＊78年11月12日

「原子力の日」のPRをどう思いますか?

原発推進のＰＲに、年間30億円もの巨費が使われているそうですが（国民が払った税金や電気料から）、10月26日は「原子力の日」ということで、各大新聞にそれぞれ趣向を変えた半ページ大の広告が出されました。お気付きになりましたか?（今回だけでも2億円）

その内容は、どれも共通して日本の原発の発電量が総発電量の10パーセントに達したことを「こんなに努力しています」と宣伝し、主として電力を消費する側の人々に「やはり原発は必要なのだ、こんなに役に立っているのだから」と思いこませようとするものでした。

そこには原発で働く人々の被曝、周辺住民の不安、蓄積する死の灰やプルトニウムの恐怖、捨て場のない放射性廃棄物の山、さらに何10万年も子孫を苦しめるに違いない放射能等、数々の重大な問題を消費地住民の目から覆い隠して、強引に原発政策を進めようとする意図があまりにも明白でした。

しかもその説明文の中に「原子力発電こそ脱石油の本命です」とあるのには驚きました。原発について少し学んだ人なら、原発が決して石油の節約にならず、かえって浪費にさえなりかねない事を知っています。それは政府が、原発推進の一方で引き続き石油の輸入増を計画しているのを見ても解ります。「脱石油」も「省エネルギー」も建前に過ぎないようです。ヌード写真に「エネルギー・アレルギー」と書かれた今年の「原子力の日」のポスターは、意味も不明な（多分、原発アレルギーは困りもの、と言いたいのでしょうが）気分の悪くなるものでした。

「いのち」を守る第2回反原発週間

原発について真剣に考え、学び心配している人々が、推進側のようなお金は無いけれど、それぞれの熱意と知恵を出し合って、10月22〜30日の一週間、東京や大阪で第2回の反原発週間の行動を展開しました。

10月22日、須坂から3人も参加した東京でのセミナー「フランスの反核運動に学ぶ」では「原爆の図」を携えてフランスを廻ってこられた丸木位里・俊ご夫妻のお話が印象的でした。俊先生がフランスの農民の質素な暮らしを語り「電気はそんなに要らないのよ」と穏やかに言われた時、誰かが立って余分な電灯を消し、落ち着いた雰囲気の中で話し合いが進みました。その中で一人の大学生が「僕たちは文科の学生なので原発など手に負えないだろうと思いながら取り組んだが、どんなに危険なものかすぐ納得できた。驚いて一生懸命友人に話しかけている」と発言しました。

東海村再処理工場の近くから参加した方は、「住民の間に白血病が増え、工場勤務者には少くとも8名の、被曝によると思われる患者が出ている」と訴えられました。

10月23日、銀座で反原発パレードが行われ、その後参加者が質問状をもって東京電力を訪れたところ、東京電力は門をぴったり閉めて応じなかったとのことです。なぜなのでしょう。話し合えばいいのに！

10月30日には、渋谷の宮下公園に70～80人名の人々が集って反原発のフォークソングをうたい、風船を飛ばし、シュプレヒコールで締めくくる、という楽しい集会があったそうです。「来年はこの十倍くらいの集まりにしたいものです」というお便りを参加者から頂きました。東京近辺の方々、よろしく！

もし、若狭湾に地震が起こったら

大阪でもびっしりのスケジュールが組まれ、22日には１０００枚のビラを配りながら「もし若狭湾に地震が起こったら」「原発はどうなる！」という街頭即興劇が30人位の人々によって7か所で繰り拡げられたそうです。「臨時ニュースを申し上げます」「今、死の灰が京都から大阪に向かっています」「緊急避難！」という迫真の演技は道ゆく人々の注目を集め、受け取ったビラを捨てる人は一人もいなかったとのことです。

オーストリアは国民投票で原発拒否！

11月6日、オーストリアの国民は過半数で原発を拒否しました。数千億円を投じてすでに完成し、燃料も入って運転するばかりの原発を！

この国民投票に当たっては多数の国民が原発を見学し、勉強し、考え、討論したといいます。その結果が「ノー」となった事は、美しいウィーンの森を持つオーストリアのためだけではなく、人類全体にとって何と大きな希望でしょう。

日本でも、一人また一人と原発の危険な本質に気付き、はっきり「ノー」と言う人が増えてくれれば、すでに着工ＯＫとなった宮城県の女川《おながわ》や柏崎の原発も止めることができるのではないか、と希望が湧いてきました。

原発の問題は、経済成長とか、景気とか、政党とかを超えた、人間のいのちの問題ですから、本気で考えればもっともっと多くの人々が手をつなぐことができるはずだと思います。

全過程で犠牲を出す原発

原発ＰＲが消費地向けで、現地を無視している事からも解るように、弱い立場の人々を踏み台にしてゆくのが原発のもう一つの本質です。でも、それはいずれ都市の人々を含む全人類を被害者としてしまうでしょう。もし、東海2号炉で最悪の事故が起これば、水戸市で約2万人の急性死亡者が出、東京でも約4万人の遺伝障害者が出ると言われます（アメリカ・推進側の推定）。

また、オーストラリア、南アフリカ、アメリカの各地で、ウランの採鉱によって原住民を放射能被曝の危険にさらしたり、居住地から追い立てたりしています。日本の電力会社がウランを買い漁ることが、それに拍車をかけているのです。それは、アメリカの核実験に苦しめられた揚句、残留放射能のため、住みなれた島を追われたビキニ島民の姿と重なり合って見えてくるではありませんか。原爆・原発・ウリふたつ!!

原発は国の生命線でしょうか？

＊79年1月20日

子どもの幸せと「核」は両立しますか

今年は国際児童年ということで、国際的にも、また、日本でも様々な行事が計画されています。1月6日の政府広報は次のように呼びかけていました。

「……日本の、そして世界の子どもたちのために、私たちは今何かができるはずですし、何かをしなければなりません。……わが子のため、世界の子どものために、そして私たちの未来のために、この『国際児童年』を、すべての人々が子どもの幸せを考える、そんな年にしていきたいと願っています」と。

ほんとうにその通りです。それでは今、私たちがしなければならないことは何でしょうか。計画されている様々な行事はそれぞれ意味があるでしょう。また、多くの飢えている子どもたちや、貧困や病気や、戦争で苦しんでいる子どもたちを救うのも緊急の課題です。けれどもさらに、核実験や原子力施設から生じ、全世界の子どもたちの未来に重く暗いかげを投げかけている「核」の問題を抜きにしては「国際児童年」の意義も薄らぐのではないでしょうか。

核実験と原発と

現在もアメリカ・ソ連・中国等で繰り返されている核実験によって、地球の放射能汚染はますます進んでいます。例え地下実験でもいずれ影響は出るでしょうし、昨年11月の中国の大気中核実験では日本の各地で高い放射能が検出され、平常値の15倍の地点もあったそうです。

20数年前に繰り返し核実験が行われたビキニ島、アメリカ・ネバダ州、フランス領ムルロア環礁等で最近次々と被害が明らかになり、放射能の影響が最初の予想を遥かに超えて重大で長年にわたることが解ってきました。日本でも、長崎原爆当時は運良く無傷で微笑んでいた少女がその後白血病等で苦しみ、最近ついに亡くなりました。

一方、核の平和利用と言われる原発や関連施設でも危険な放射性物質が絶えず作り出され、蓄積され、微量ではあっても周辺に洩れ出しています。

ことに昨年、世界第2位の原発王国になってしまった日本では、原発で働く人々の総被曝線量も急上昇しています。許容量ぎりぎりの被曝をした人が昨年度２７１人と公表されていましたが、これは大変な事ではないでしょうか。その影響は被曝した当人だけの問題にとどまらず、日本人全体の未来を脅かすでしょう。このように、人間の命そのものを脅やかす「核」を（核実験も、原発も）一日も早く中止する努力を始めることこそ「国際児童年」に当たっての大人の責任だと思います。立派な公報を出した政府はこの事をどのように考えているのでしょうか。

高校生の〝原子力作文〟

昨年11月7・8日の両日、日本原子力文化振興財団が企画し、朝日新聞が後援して募集した「原子力作文入選作」が発表されました。2編とも身近な長野県の高校生の立派な作文でしたが、企画から見て当然ながら、少年らしいひたむきさで一方的に原発推進の必要性が強調されているのに驚きました。

2編とも日本の原爆体験について述べ、日本人には核に対する危機感がある事を前提としながら、近い将来の石油の涸渇と、太陽エネルギー実用化までのつなぎとして、もっと原発を推進しなければならないとし、これまでのアメリカ依存から脱するために政府・財界・電力会社はもっと本腰を入れよ、と力説しています。

また、原子炉がいかに安全性に気を配って設計されているか、原発から出る放射線量は、歯科医療の放射線量よりもいかに少ないか、今まで原発事故で人間や自然を損なった例は一度も無い等、あまりにも素直に推進側のPRをそのままに受け入れて主張しています。

この少年たちは、原発から放出される微量の放射線でもムラサキツユクサに突然変異が現れている事や、原発の技術者や労働者が被曝して放射能障害に苦しんでいることを聞いたことは無いのでしょうか。

二人はなお、それぞれ核燃料サイクル確立の必要性を強調し、そのためには再処理工場の建設を急がねばならないこと、また、国民の理解と協力を得る為のPRにもっと力を入れるべきだと熱心に訴えています。また、放射性廃棄物の問題は重大だとしながらも、本当の重大さには気付いていないようです。この問題だけでも人類は原発と共存できないのに……。

そして2編とも、現在のエネルギー浪費についての反省はなく、もっと生活水準を高め、機械文明を推し進めようと主張しているのは何故でしょう。エネルギー多消費時代はもう終わろうとしているのに。

現在の教科書には原発推進の記述が増え、原発讃美の壁新聞やパンフレットが無料で各学校に配られているそうですが、そんな中で純粋な少年たちがこのような作文を書くのも無理はありません。

でも、学校の教育方針はどうなのでしょう。「原発は国の生命線」と言わんばかりの国の原発政策をそのまま受け入れて、青少年を原発産業に送り出すとすれば、あの戦争中の教育と何と似ていることでしょう。私はこの二人に手紙を書き、私の通信を添えて送りました。この優秀な少年たちに、少しでも立ち止まって考えて貰えれば幸いだと思っています。

昨日（1月17日）『毎日新聞』で次のような記事を読みました。「ロンドンで発行されている科学雑誌『ニューサイエンチスト』が高校生から募集した懸賞当選論文は、主題を科学者と一般市民との対話に置き、その間の相互理解なしに科学をすすめると取り返しのつかぬ事になると警告している」（柴谷篤弘氏の評論より）。

日・英のこの相違はどこから生じるのでしょうか？

*79年1月20日

原発ラッシュの日本で……

原発育ちの見事な鯛!?

12月27日の『毎日新聞』に「敦賀原子力発電所でとれた鯛」と銘打って、見事な鯛の写真が半ページ大の紙面に大きく掲げられていました。

その説明文は大要次のようなものでした。

○原発の蒸気を冷やした後の海水は温排水と呼ばれ（海水より7度温かい）放射線の影響もなく安心できるので養殖漁業に利用されています。各地の原発で魚やエビやアワビ等が育成され、もう市場にも出荷されています（そうとは知りませんでした）。

○この写真は敦賀原発の温排水で育ったマダイです。水温が高いので20～30パーセント成長が早く、地域の方々と共に生活する原子力発電所の姿がここにあります。

○放射線の監視は厳重に行っています。モニタリングポストなどによって空気中の放射線の監視も厳しく行われ、さらに飲料水、土壌、野菜、海草、魚介類なども定期的に採集し、放射性物質の測定を行うなど、環境保全のため万全の配慮をつくしています。

これは少々矛盾してはいないでしょうか。最初にこの温排水は放射線の影響も無く安心です、と言いながら、年中検査をするとは実は心配なのにちがいありません。日本中の原発で度々パイプのひび割れや、継ぎ目のゆるみなどから放射性廃液が洩れる事故が起こっていますから。

例えそういう事故は無くても、原発周辺では空気中にも水中にも、放射能が出ている事は明らかですし、モニタリングポストで検出されない種類の放射能もあり、また微量の放射能が生物体内に蓄積され、濃縮される例も多いので、見事な魚だけになおのこと心配になります。鯛などあまり御縁はありませんが……。

昨年、山口県豊北町で配られた中国電力の社員による原発反対のビラの中に、次のような一節がありました。

「島根原発の社員は地元の魚は食べません」

島根原発の社宅に地元で獲れた魚を売りに行っても、ほとんどの人は買わずに、松江のスーパーなどで冷凍魚を買っています。また、そこの奥さんたちは、一日も早く他の職場に転勤したい、転勤するまでは子どもを生まないようにしよう、などと毎日ご主人と話し合っているそうです。原発で働く労働者が一番危険を知っているのです。

ある原発を見学にゆくと、近くの海岸でいつも釣りをして（見せて）いる人がいるそうですが、自分では食べないで捨てていると聞きました。ご苦労な話ですね。

この立派な鯛が登場した広告は「日本はエネルギー資源のない国、増えてゆく電気の需要に応えるためには、どうしても原子力発電が必要なのです」と訴えて締めくくっていますが、趣旨はここにあるのでしょう。

こんな立派な鯛も獲れるのだから、原発の放射能が心配でも我慢してください、と言われているようですが、私たちは原発育ちの魚も原発もいりません。

原発ラッシュの日本

昨年（１９７８年）11月、この狭くて地震の多い島国日本の原発はついに18基に達し、その発電総量は１１５０万キロワットとアメリカに次ぐ世界第2位の原発大国になりました。今年も3基の運転開始が予定され、さらに13基が建設中、または建設準備中というすさまじい原発ラッシュです。

近くの柏崎でも強引な建設が進められています。国民に原発について考えたり選択したりする機会も与えず、驚くほどの推進ぶりという他はありません。

オーストリアの原発禁止法

オーストリアでは国民投票で原発を停め、次いで原発禁止法が議会の全会一致で議決され、アメリカ・モンタナ州では厳重な原発制限法が成立したのとは何という違いでしょう。大多数の日本国民の、原発についての無関心がこの結果をもたらしていると言えそうです。

現在原発建設地は一時的な好景気で潤っているそうですが、その後に来るものが何であるかを、国民一人ひとりがもっと真剣に考える責任があります。エネルギーのためというより、実は一時的な景気浮揚策として進められる原発で、末永く子孫を苦しめないために……。

捨て場のない野積みの放射性廃棄物は、現在ドラム缶で8万5０００本、来年は25万本に激増の見込みです。これが私たちが子孫に遺す遺産だと言うのでしょうか。

オーストリア国民の選択は、現在は大損失のように見えても、未来のオーストリアの子どもたちへの最大の贈物となるに違いありません。

日本中の原発を停める日まで

1号、また1号と手探りで作ってきたこのささやかな通信が、いつの間にか15号にまでなりました。その間、友人・知人を始め、思いがけず各地の未知の方々からも温い励ましを頂き心から感謝しています。

原発現地では反対運動が続けられ、都市にも原発に反対する人が増えつつありますが、現実の原発ラッシュの前に無力感を覚えることもあります。でもまた元気を出して考え直します。蟻だって集まれば巨象を倒すこともできるではないか、と。そうです。一人ひとりの力は小さくても、そこに共通した強い意志があれば、歴史の流れを変えてゆくこともできるはずです。日本は民主主義の国なのですから。日本中の原発を停めるまで、皆で粘り強く力を合わせてゆきましょう。

第3章 ● 聞いてください　〝スリーマイル島〟の恐怖を

スリーマイル原発事故と日本の原発事情

＊79年4月8・12・14日

やはり起こってしまった大惨事！

3月28日（1979年）未明、アメリカのペンシルベニア州スリーマイル島原子力発電所で、原発史上最大の事故が起こってしまいました。

アメリカでも政府や電力会社は日本と同様に「原発は安全」と言い続けて来ましたが、それが根拠のない幻に過ぎなかった事がはっきりしました。

10日ほど経った現在では、「あれは人災であった」という表現で、原発そのものの根本的な危険性が故意に薄められようとしています。

例え人災であったとしても、些細なミスからも大事故に到る原発の危険性は少しも変わらないのに……。

現在、事態は鎮静化の方向と伝えられますが、事故直後、原発内部の放射能は平常の１０００倍にもなり、二日目には原発から25キロメートルの地点で異常放射能が検出されていますから、今後の環境汚染は深刻な問題になって来るに違いありません。

避難していた人々も、大丈夫だと言われて帰り始めているようですが、本当に心配はないのでしょうか。

12倍のヨウ素やセシウムが検出されたミルクは？　野菜は？　家畜は？　そこで育つ子どもたちの未来は？

一方、強い放射能に汚染された現場で働く人々はどうなのでしょう。カーター大統領は所内に入りましたが……。多分、もっと危険な場所で働かされる人々もいるでしょう。会社側は従業員の被曝について発表を拒んでいましたが、やっと「許容量を超えた被曝者は４人である」と発表しました（４月２日『朝日新聞』）。人数についても疑問ですが、その人々の今後が心配です。

望むべきではないけれど、もっと大きな事故が、被害がすぐ目に見える形で、しかも身近に起こらなければ日本人は気付かないだろう、という人もいますが、私たちはそれほどのん気でいいでしょうか。今回の事故を最終的な警鐘として受け止めましょう。

すべてが手遅れにならないうちに。

どんな技術開発にも危険は付きものだから、それを恐れていては科学の進歩はない、という論理は原子力には当てはまらないようです。

一層危険な日本の原発事情

今回のような事故がもし日本で起こったら、想像もできない惨事になるでしょう。狭い国土にすでに18基の原発が運転されており、内8基は今度のアメリカの原子炉と同じ加圧水型（PWR）です。

原子力安全委員会は早々と、「日本の原子炉はメーカーが違うから大丈夫だ」、とか、「日本では安全審査がもっと厳しいから、このような事故は起こり得ない」という談話を発表しました。

しかし、これまで度々故障も起こっており、一歩誤れば大事故につながる故障もありました。

また、地震等でパイプが傷み、冷却水が無くなれば、今回と同じか、それ以上の大事故になるでしょう。

先刻のニュースで、「アメリカ原子力規制委員会が日本の電力会社に対し、日本の原子炉にも同様の危険があると通告して来た」と報告しました。いよいよ大変です。

日本国内の対応

京都府知事は安全確認まで久美浜原発計画を中止、茨城県は安全協定の見直しを国へ申し入れ、和歌山県日高町では関西電力の事前調査を返上し、市町村協議会では国に原発の総点検を申し入れ、山口県豊北町選挙では原発反対議員が圧勝しました。

このような中で新潟県知事は、柏崎原発予定地海面埋立を東京電力に許可しました。全く非常識な話です。

起り得るこの種の事故を警告し原発に反対して来た人々は、直ちに活発な動きを始めました。

４月１日、東大自主講座のメンバーが〝原発凍結〟を求めるアピールと共に全国的な署名活動を展開。続いて社会党、原水禁、原水協も原発停止を求めました。

５日、原発に反対する全国の住民代表約１００人が、原発の即時停止を求めて通産省（現経済産業省）に徹夜で交渉しました。

原子力開発を支持して来た日本物理学会でも一時停止を求める署名運動が行われ、政府直轄の日本原研労組も原子力安全委の安全宣言に抗議文を提出しました。

11日、日本の原子炉にも問題あり、とアメリカ側の指摘を受け、12、13日の両日検討を続けた日本原子力安全委は激論の末「安全性以外の事情には耳を貸さない」として、運転中の大飯《おおい》1号炉を止め、その他の同型原子炉すべてで共に安全性を再検討する事にしました。

これは画期的な事です。今後も日本の安全委がこの姿勢を貫いて下さるように切望します。

原発と今回の事故に関する発言

「核エネルギーを人類のものにするかどうかは、魂を悪魔に売り渡す覚悟が必要だ」ワイパーグ博士（アメリカ・科学者）

「原発の技術は未完成なのではないか」金子科技庁長官

「今度のような事故は日本ではほとんど起こり得ない」原子力安全委員長

「日本の原子力安全宣伝委ではないのか」「エネルギー多消費型の産業構造を転換し、また国民も健康な生活を犠牲にしてまで現在のような生活を選ぶかどうか、よく考えるべきだろう」武谷三男博士（物理学者）

「この事故はわれわれが原発の選択に時間をかけねばならないことを教える」ブラント西独首相

「国には『安全性多重ＰＲ』しか対策はなかったようだ」茨城県大気原子力課長

「われわれは今、自ら造り上げた手に負えないモンスターと同居しているのだ」『毎日新聞』記事

「西ドイツの反原発派は『暖房には薪を使う。冷房はいらない』と言っている。日本人は？」俵孝太郎氏（テレビニュース）

「原子力社会を受け入れるか否かは、日本では安全性が争点になっているが、本質的には哲学や宗教の問題である」田原総一朗氏（「モーニングショー」）

*79年4月14日・6月27日

〃チャイナ・シンドローム〃の恐怖

「許容量」ということ

放射線被曝に関して「許容量」という事が言われます。例えば——被曝線量は許容量以下なので心配ない——等と。それは本当なのでしょうか。

放射線は低線量でも人体に有害である事は明らかになっています。自然界の放射能に対しては何とか順応して来た人間も、急激に作り出された人工放射能に対しては無防備で体内に取り入れてしまいます。

医療用X線も、医療効果と放射線の害のバランスを取って、治療のためには我慢できる量を「許容量」とし、その利害はX線を受ける個人に限定されます。

ところが原子力産業では、電気の利益を受けるのは都市であり、工場であり、一般家庭であって、被曝の危険に晒されるのは原発従業員、特に下請労働者であり、また原発周辺の住民です。

現在職業人の年間最大許容量は、「5レム」と定められていますが、最近の研究では10分の1に下げるよう勧告されています。しかしそれに従えば10倍の人員が必要なので採算が取れないため、政府も電力会社も受け入れません。つまり企業の採算ベースによって許容量が決められ、その中で原発従業員の被曝は激増しています。

住民の合意なく運転再開した大飯原発

アメリカの原発事故後「日本の加圧水型原子炉も同様の危険性がある」とアメリカから指摘され、ようやく運転を止めて安全点検に入っていた福井県の大飯原発1号機が今日（6月13日）運転を再開しました。住民が最低限求めていた安全性の確認も、事故発生時の対策も明示されないままに……。

テレビニュースでは、マイクを向けられた地元の人々が一様に重い口調で、国や県当局に対する不信と、いつ起こるか解らない事故への不安を訴えていました。

少し以前、住民の一人は次のように話していました。「なぜ運転再開を強行するかというと、夏の電力不足に備えるというのは表向きの大義名分で、本当の理由は大飯1号が動けば関西電力は1日4億円儲かるんです。原子力安全委は電力会社と通産省に突き上げられて安易な結論を出そうとしている。私は金儲けを全面否定はしないが、少くとも人の命をいけにえにしながら儲けようとする商売はしてほしくないですね」と。

12日、福井県庁に抗議に行った住民代表の一人、僧侶の中嶌哲演さんが、抗議のハンストに入られた様子をニュースで見て、胸迫る思いがしました。

この方は4月5日、全国の原発反対住民が通産省（現経済産業省）で夜を徹して抗議した際、誠意のない通産省の応対に思わず声を荒げる人々に、20分間の抗議の沈黙を提唱されたと聞きました。この沈黙を境にして荒い言葉は消えて行ったということです。

加圧水型原子炉の仕組みと危険性

自然界で一番重いウラン原子の原子核に、中性子を当て、核分裂の連鎖反応を起こさせると、原爆に用いられたほどの莫大なエネルギーを生じます。このエネルギーを制御しながら発電に使うのが原子力発電です。

原子炉の燃料である燃料棒は、濃縮したウランを小さく焼き固め、ジルカロイという合金で作った直径1センチ、長さ4メートル、厚さ0.6ミリメートルほどのケースに詰めたものです。それを約1センチの間隔で200本位束ねたものを燃料集合体といい、原子炉の中にはこれが100~200体、ぎっしりと集められています。

原子炉の中で核分裂が進むと、燃料棒の中心温度は最高2600度にもなります。一方、ケースのジルカロイは1000度を越すと水素と反応してガスを発生し、1500度で崩れ始め、1900度では溶けてしまう性質を持っていますから、1センチの狭い隙間を160気圧に加圧された一次冷却水が、秒速3メートルの速さで通り抜けてケースの表面を340度に冷し、一方その熱が蒸気発生器を通って二次冷却水を蒸気に変えます。

そこから先、蒸気でタービンを回して発電する仕組みは火力発電と同じです。

燃料棒の高温とジルカロイの溶融温度の差を見れば、たとえ素人でも原子炉の危険性が身に迫って感じられます。ましてそのバランスが、狭い隙間を急速に流れる冷却水の働き一つに支えられていると知っては肌に粟を生じる思いです。もし冷却水の流れが止まれば炉内はたちまち高温になり、ケースは水素ガスを発生し、続いて溶け落ちて死の灰をいっぱい抱え込んだ灼熱の燃料棒が露出してしまいます。

今回のアメリカの事故では、二次冷却水のポンプの故障から大事故に到りました。もし水素爆発が起きればペンシルベニア全州を死の灰が覆う事も予想されました。

また、〝チャイナ・シンドローム〟と呼ばれる炉心全体の溶融が起これば、原子の火の塊りが地球を突き抜けるだろうとも言われます。実際には途中で水脈や岩盤に突き当たって大爆発を起こし、放射性毒物を吹き上げ、その被害は破滅的なものになるでしょう。

これほどの危険を抱えている原発の安全が、冷却水とＥＣＣＳ（緊急時に水を注入する装置）の働き一つに懸っているとは、ほとんど信じ難い事です（『原子力発電』（岩波新書）、『技術と人間』（79年5月号）等、原発関連資料を参考にしました）。

大飯原発は本当に安全？

ここに関西の友人から送られたパンフレットがあります。そこから幾つかのポイントを紹介しましょう。
○スリーマイル島、2分で大事故！　大飯原発、10分で安全？
アメリカ原発で、（これまで安全の決め手とされて来た）ＥＣＣＳが作動したのは事故後2分であったが時すでに遅く、重大な事態に立ち到った。通産相（現経済産業省）の解析によると、大飯原発のＥＣＣＳは10分後に働く、としている。炉心本体の危機の時は秒を争う作動が要求され、2分でも大事故になったのに、10分もかかっては論外ではないか。
○秘密兵器たり得るか、上部炉心冷却装置
日本の加圧水型原子炉の中で、大飯原発だけはいざという時、ECCSより早く作動する上部炉心冷却装置があるから安全、というのが大飯原発再開の根拠にされている。

これは原子炉内の上部にパイプを通して、緊急時にはシャワーのように冷却水をふりかけようというものである。しかしこの冷却水は事故3分後（アメリカの2分より遅い）、98気圧で作動する事になっているが、炉内の気圧が150気圧ほど、というのにどのように入ってゆくのか。

もし仮に入る事ができたとしても、炉心は3分後にはガスの充満、数千度の高温、燃料棒の破壊状態等から炉心に届くのだろうか。

小さくひよわな大飯原発格納容器

スリーマイル原発の事故で、放射能を完全に密封させるはずの格納容器の壁をつき抜けて、死の灰が施設外に出てしまった。同様のことが大飯で起これば多量の死の灰の放出どころか、格納容器が壊れるだろう。

理由1　大飯原発の出力はスリーマイル原発の1.3倍であるのに、格納容器の大きさは3分の2なので、ガスの充満、圧力上昇の速さは加速される。

理由2　容器の強度は外圧差何気圧かで測られるが、大飯はその価が0.8、スリーマイルはその5倍。

スリーマイル島では1分後にはすでに水素ガスが発生し、15分後には部分的水素爆発が起こっている。この爆発の圧力は2気圧で、大飯の格納容器の強度の2倍以上だから、大飯で一度の水素爆発でも起これば、格納容器はひとたまりもなく破壊され、死の灰は空を覆うだろう。

これらを無視して運転を再開するならば、近い将来必ず大事故が発生するだろう（原発関連討議資料より）。

私たちが平和で豊かだと思っている中に、このようなおそろしい事態が進行していたとは！

一番大切なのは農・林・漁

アメリカの原発事故で、日本の原発計画にも少しブレーキがかかりましたが、政府も電力会社もこれは一時的な現象と考え、1985年までに原発による発電量を現在の3倍

（３０００万キロワット）にする計画を変えていません。１年位の遅れは止むを得ない、としながらも……。

その基本には相変わらずの経済成長を目指し、それに伴うエネルギー需要の増加に備え、不安定な石油の代わりに原子力を、という姿勢があります。原子力は石油の代わりになり得ないと指摘されていますが、もっと大切な事は、限りある資源を消費する一方の、限りない成長が可能なのだろうか、という事です。

日本は急激な工業化によって高度成長を遂げ、国民生活は表面上豊かになりました。けれどその反面、人間が生きてゆく上で一番大切な農・林・漁業が軽視され、大気も水も土も汚れる一方です。

最近日本の沿岸で採れる貝類に、原因不明の強毒性のものが次々に発見され、ついにここまで来たかと不気味な思いがします。この上原発が建ち並び、一切の自然が放射能で汚染される事になれば、日本は世界でも最初に滅びる国になるかも知れません。政治家も、電力会社の人たちも、目下の経済の事で頭が一杯で、国民の将来の健康まで考えている余裕はないようです。そうであるならば、国民の私たち一人ひとりが自分の子どもや孫たちのために、原子力のない社会を創り出してゆかねばならないでしょう。

原子力発電を選挙の争点に！

＊79年9月18日

6倍強もの原発計画を認めていいのでしょうか？

来る10月7日には総選挙が行われます。今のところ、一般消費税などが争点となり、広範囲な反対の声が上がっていますが、私は今、それにもまして「原子力発電」をこそ最大の争点にしてゆく必要があると切実に思っています。

今後の石油不足に備えて、省エネルギーと代替エネルギー開発の必要性が盛んに言われていますが、現在のエネルギー政策は専ら「原発」に重点が置かれ、昭和70年度（1995年以降）には、今の6倍以上の原発を造る、という予測が先日発表されました。

アメリカ・スリーマイル原発の大事故後、日本各地の原発でも大小の事故が続発し、安全性への疑問は深まるばかりで、周辺住民だけでなく、多くの国民に言い知れぬ不安を抱かせています。

それらに何一つ明確な答えを示せないまま、机上プランとはいえ、何故これほど無謀な計画を立てるのでしょうか。これをそのまま私たちが認めてしまったら、日本は遠からず放射能で亡びるでしょう。

もっと知る努力を！

多くの人々の心配や警告を無視し、安全性の何の保証もないままに、強引に原発を推進しようとする現在の政府の政策は、ちょうどあの太平洋戦争に突入して行った当時にそっくりです。

あの頃の国民は、ほとんど何も知らされずに戦争に巻き込まれてゆき、自分たちも傷つき、他国の人々も苦しめてしまいました。

けれど現在の私たちは、そのつもりになれば、まだかなり多くのことを知ることができます。今度は「知らなかった」では済まされません。

『毎日グラフ』（9月2日号）は、被曝に苦しむ原発労働者の実態をまざまざと報道していました。今後原発が増えれば、こういう人々が激増してゆくことでしょう。すでに癌や白血病で死んだ人も多く、その被害は原爆の後遺症と少しも変わらないのです。

原発で多くの青年が働いている事も由々しい問題で、その人々の将来が心配でなりません。

取り返しのつかない事故へ

原発では平常運転時でも放射能が洩れています。原発の風下でムラサキツユクサの雄しべの色が紫からピンクに変わることも、人間への差し迫った警鐘として受け止めねばならないでしょう。

原発から作り出される「死の灰」や、ドラム缶で既に12万本も溜まっている放射性廃棄物の安全な処理方法も全く未解決な上、原発ではわずかな機械の故障やちょっとしたミスからも、取り返しのつかない事故が、日本でも、明日にでも起こり得るのです。

スリーマイル原発の事故も、もう少しでペンシルベニア州が全滅するほどの大事故になる可能性があったし、今後の住民への影響が憂慮されています。

子どもたちに代わって――選択の岐路に

このような地球的な「死」と隣り合わせの原子力を使わなければ、日本はどうしてもやってゆけないのでしょうか。太陽熱、風力、波力など、再生可能な安全エネルギーの研究にもっと力を入れ（現在代替エネルギー開発予算の４分の３は原子力に）、もうこれ以上自然をこわさない範囲内で、安心して暮らせる社会を、みんなで力を合わせて創り出そうではありませんか。

そのためにはどのような政治でなければならないか、どのような政治家を選ぶか、今私たちは、未来の子どもたちに代わって重大な選択の岐路に立っていると思います。

耳を澄ますと「青い鳥」の未来の国から「放射能はやめて！」という可憐な子どもたちの叫びが聞こえて来はしませんか？

最近、電気労連が「原発推進」を表明しましたが、誰よりも先に被害を受けるであろう人々が、いったいどうして？　と悲しい思いで一杯です。

アメリカでは「反原発国民戦線」が結成され、数多くの市民団体と共に、１００万人の組合員を持って労働組合も参加しているという事です。

私たちは経済成長とか、雇用の面だけで原発の可否を選択するのではなく、自分たちや、子どもたちの健康をまず第一に考えましょう。そのためには必要な事は調べ、家庭や職場で討論し、政党や候補者の政策をよく見定めて投票しましょう。

主権者、責任者は一人ひとりの「私」なのですから。

〝豆腐〟の上の柏崎刈羽原発⁉

＊79年12月22日

柏崎原発の工事現場へ

反原発週間中の10月28日、幼児二人を加えた一行13人で、新潟県柏崎の原発建設地を訪れました。

この夏、長野と須坂で上映したアメリカの反原発記録映画『モンタギュー村の核戦争』がきっかけとなって、遅れ馳せながら実現した長野での反原発行動の第一歩、と言えるでしょうか。

上田や長野から参加した友人たちと共に早朝須坂を出発し、11時過ぎ柏崎市荒浜の現地に到着、まず美しい日本海の風景を切り裂いて張り廻らされた鉄条網に、正に「平和」とは裏腹の原発の正体を見た思いでした。

同じく鉄条網に囲まれた団結小屋の近くで、反対同盟の方々に迎えられ、これまでの経過や現状についてお話を聞きました。

この荒浜の海岸一帯は地元住民にとってかけがえのない先祖伝来の共有地であること、それを柏崎市が東京電力に売ったのは無効であるとして、原発設置禁止を求める「共有権訴訟」を始め4件の訴訟が係争中であること、それらを無視してすでに原発建設が強引に進められていることなどを、幼いお嬢さんを優しく見守りながら、静かな口調の中に怒りをこめて話される星野さんは、10年余を一貫して反対運動に取り組んで来られた方です。

原発工事は420万平方メートルの広大な敷地の南寄り、荒浜の人家からわずか1キロの地点に、甲子園球場の2倍もあるという巨大な原子炉設置用の穴が掘り進められているのですが、用地中央部を活断層が走っているため、止むを得ずこんな端の方へ寄ったのだそうです。

現在地も地盤が悪く、40メートル掘っても弱い粘土質であるのを「泥岩」と言い繕って工事を進めています。「柏崎は豆腐の上の原発」と言われていることを思い出し、改めて愕然としました。

モンタギュー村の農民サム・ラブジョイが独力で倒したのと同じ、赤白だんだらの気象観測塔の近くから見渡した松林と、それに続く日本海の美しさ！

しかし、彼方では工事用のダンプが行き交い、掘り上げた砂で巨大な丘が形作られ、美しい風景は放射能汚染予定地として刻々と人為的に変えられています。

無心に遊ぶ幼児たちと美しい風景を見較べながら、ここに原発など建ってしまえばこの子たちに申し開きができない！　という思いで一杯でした。

星野さんたちが苦心して据え付けられたポンプの水で喉をうるおし、この水を放射能で汚してはならないという思いを一層強くして、3時過ぎ帰途に就きました。

二人の子をつれて——田幸さよ子

静かで美しい海岸が無残に切り刻まれて掘り返されている現地を見て、茫然としている私と対照的に、何の屈託もなく明るく無邪気に波と戯れる子どもたち。

死と背中合わせの経済や便利さなんて沢山です！　不便でも平和で安心な生活をしたい。

張り巡らされたバラ線（有刺鉄線）は「戦争」を思い起こさせる。先人が国中が熱病のようになった「戦争」と「原子力」に何か似たものを感じる。目を覚ませ!!　目を覚ませ!!　気がついた時、まともな人類、生物がこの世から姿を消している!!

「ぐち……つぶやき」

まるで電気が無ければ生きていけないと錯覚している。昔に帰れ！　自然に帰れ！　自然を征服したと錯覚している自惚れた人間共に自然はそれ以上の代償を要求している事に気づかない。太陽と共に起き太陽と共に休む。何とすばらしい事だ！　温かな太陽を無視し、家の中に閉じこもってストーブをガンガンたいてテレビに興じるばからしさ。どこかまちがっている。何かが狂っている。

柏崎所感――ももえ

柏崎で原発事故が起これば、須坂にも間違いなく放射能が降って来る。始めはただそれだけが恐ろしくて原発反対運動に参加しました。

そのうちに、大平内閣は「日本以外の極東の重要事態に対処して自衛隊が日本周辺の責任を持つ」という、日米安保条約の改訂を、国民に一切知らせず、電光石火でやったという事を知りました。

まるで原発建設は、原爆製造や軍需産業の拡大をねらったものである事を証明しているように思え、全身凍る思いがしたものです。

もちろん金力に物をいわせ、強引に原発を建設する電力会社は悪い。しかし企業と癒着して国民をだましている政府はなお悪い。天下りと、政治献金と、贈収賄が悪の根源のような気がしている今日この頃です。

柏崎・刈羽再訪――駒沢重光

あれは確か1975年か76年であった。私の住む長野から最も近い原発建設予定地柏崎・刈羽を訪れたのは。あいにく雨になってしまったが、団結小屋の近くに車を停めて、こうもり傘をさしながら「断層あり」の看板に従ってその場所を見たり、雨にぬれたあの美しい松林を上の道まで通り抜けてみたりした。

知る人も無く、ともかく現地をこの目で見ておこうと思って行ってみたのであった。

今回の柏崎・刈羽原発現地視察は、あの時とは全く対照的であった。人数は多いし、秋晴れのよい天気であったし、反対同盟の人たちとの連絡もとれていた。

私が歩いた松林はまだ健在であったが、断層を見にいった部分は、もう1号炉建設のために掘った穴から出た土が積み上げられて、丘になってしまっていた。あそこは確か、海岸線に沿って走る県道より低くなっている部分もあったはずなのに。

団結小屋もずいぶん開放的になっていた。あの時はカギがかかっていて、扉を隔てて話をした後に、やっと小屋の中に入れてもらったのに。あの時彼らが話してくれたことが印象的であった。「この浜を渡さない限り東京電力は原発を動かすことはできないんだ」と。

柏崎市は、その浜を東京電力に売り渡すことにしてしまったという。反対同盟は、それが無効である事を訴えて裁判を続けている。あの確信に満ちたことばが頭のすみに残っている以上、遅ればせながら何かをせねばなるまい。では何を？　あれから１か月以上たった今、その何を見つけ出せないでいる。

いつの間にこんな世に！

11月11日夜、須坂公民館の一室で、柏崎へ行けなかった人たちや、遠路再び上田や長野から来て下さった人たちと一緒に報告会を開きました。

当日のスライドやテープを再現しながら話し合った中で、あの日、次の世代を代表する幼児を伴って参加した田幸さんが「私は結婚したら、家族を大事にして幸せな家庭を作ろうとバラ色の夢を描いていたのに、そんな事では間に合わない。いつの間にこんな世の中になったの！」と怒りの声を上げられましたが、一世代上の私たちの責任が厳しく問われる思いでした。

今回の現地訪問をきっかけに、私たちも何かを始めようと、グループ名を「長野で原子力を考える会」とし、例会を持って勉強したり、柏崎と連絡を密にして支援してゆきたいと話し合いました。急に大きな事はできなくても、粘り強くやってゆきたいものです。

危険な再処理工場建設の動き

アメリカの原発事故の後、日本でも大きな原発事故が21件も相次いでいるのに、石油危機を理由に一層の原発推進政策が取られています。「原発は日本の生命線」と言わんばかりに……。

さらには原発の何層倍も危険な「使用済核燃料再処理工場」の建設が現実問題になっています。

再処理とは、原発の運転に伴って出る使用済核燃料を切り刻んで、プルトニウムと、燃え残りのウランと死の灰とに分ける作業ですが、非常に汚染度が高く、そこで働く人々も周辺の住民も大きな危険に晒されます。現に東海村の再処理工場付近でも異常に高い放射能が検出されています。こんな危険なものはどこにも造ってはいけないのです。

けれど、私たちの知らないところで計画は着々と進み、奄美の徳之島などが有力候補地になっているようです。平和で美しい徳之島を、放射能の「毒の島」にされては大変です。また、大きな再処理工場ができれば原発は増設され、危険な核燃料や使用済核燃料が、日本中をわが物顔に走りまわる事にもなるでしょう。日本人全体の将来に関する重大な問題ですから、私たちは見え難いものを目を凝らして見る努力が必要なようです。

エネルギーと私たちの暮らし

——松岡信夫市民エネルギー研究所代表の講演要旨

（1980年4月7日　於・須坂市公民館）

＊80年8月18日

エネルギー危機について

現在問題になっているエネルギー危機とは、石油そのものの枯渇というよりも、2度のオイルショックによる石油価格の急上昇で、以前のように安い石油を十分に買えなくなった、ということです。

まだ使える炭坑の大部分に水を入れて使えなくし、石油一辺倒の経済成長を続けて来た日本は、とりわけ大きな影響を受けるので、政府は省エネルギーを強調する一方、石油に代わるエネルギーを原子力や石炭に求めようとしています。

中でも、原子力発電は「エネルギー危機の救世主」のようにいわれ、10年後には現在の2.7倍の原子力による発電が計画されています。

しかし、次に述べるように、未解決の危険な問題をいっぱい抱えている原発をこれ以上増やして行っていいのでしょうか。増やせば増やすほど問題も大きくなり、その上引き返すことも困難になります。

原子力発電の問題点

１　事故の危険性

昨年３月、アメリカ・スリーマイル原発で大事故が起こり、大量の放射能が洩れました。原子炉の建物の内部にはまだ強い放射能が充満していて、いつ運転が再開されるか見当もついていません。事故による即死者こそなかったものの、放射能の影響は直ちに現れるとは限らないので、従業員や周辺住民の今後の健康が心配です。

事故当時、様々な放射性物質と共に、大量の放射性ヨウ素が大気中に放出され、甲状腺への悪影響（甲状腺ホルモンの分泌が不足すると、知能が遅れたり、発育不全になることが知られています）が憂慮されましたが、昨年暮までの調査では、周辺地域の新生児の甲状腺異常が、他地域の約4倍に達したと報道されています（『ワシントン・ポスト』2月21日）。

一旦事故が起こると、土地や水も放射能で汚染されて取り返しがつかなくなります。スリーマイル島周辺では牛乳や肉も売れなくなり、地価も下がるなど大きな経済的打撃まで受けています。

2　平常運転中の問題点

事故が無くて普通に運転していても、原発から洩れる微量放射能を止めることはできません。絶えず大気中や海水中に放出されてさまざまな生物に取り込まれ、蓄積、濃縮されますから、やがて人間に逆流し、私たちは手痛い報復を受けることになります。そうなってからでは遅いのです。

3　原発従業員の被曝問題

原発では、修理、点検、掃除など、放射能を浴びる危険な作業をするために多くの下請労働者が働いています。

すでに、10万4000人もの人々が原発労働者として登録され、その中には癌や白血病や皮膚障害で苦しんでいる人や、死んだ人もあるのですが、影響が晩発性であるために証明できず、政府も電力会社も「原発で死んだ人はいない」と強弁し続けています。

今後原発が増設されれば、原発労働者の数は激増してゆくことでしょう。何故なら『原発ジプシー』の著者、堀江邦夫さんが言われるように「原発とは労働者の被曝を前提として運転されるもの」だからです。

その堀江さんが福島原発で知り合った若い労働者は、仲間の家庭に深刻な遺伝的影響があったことに衝撃を受け、初めての自分たちの子どもを、奥さんに頼んで中絶させてしまったといいます。この話を聞いて私は実に暗澹たる思いでした。祝福されるはずの家庭とか子どもの誕生をこのように破壊するもの、原発とはそういうものなのです。

4　使用済み核燃料の再処理

原発を運転すると、燃料棒の中に放射能の強いいわゆる「死の灰」が溜まってゆくので、順次新しい核燃料と交換しなければなりません。使用済み核燃料は切り刻んで化学処理をし、まだ残っている少量のウランと、新しく生成されたプルトニウムという猛毒の放射性物質を取り出します。これを「再処理」と言いますが、非常に危険な工程で、従業員も周辺地域も原発の何十倍もの放射能汚染の危険にさらされます。

アメリカでは民間の三つの再処理工場がいずれも汚染がひどく閉鎖されてしまいました。

日本では茨城県東海村に小規模の再処理工場がありますが、到底間に合わないので、これまで英・仏に委託して来ました。しかし、イギリスやフランスでも、なぜ日本の原発のゴミを引き受けねばならないのか、と強い反対が続いています（東海村でもトラブルが多発しています）。

それで、いよいよ日本の国内に大規模な第2再処理工場を建設する計画が進められていますが、奄美の徳之島などの候補地では激しい反対運動が起こっています。

5　中・低レベルの放射性廃棄物

原発からは使用済み核燃料とは別に、放射能を帯びた大量の廃棄物が出ます（低レベルのものだけですでにドラム缶10数万本）。これも狭い日本ではいよいよ置き場が無くなるので、太平洋の深いところに投棄する計画が立てられていますが、もし海底で容器が壊れても回収する方法がないのですから人間の手の届かないところに危険なものを捨てるべきではありません。

6　廃炉の後始末は？

原子炉の寿命は20～30年とされていますが、その後の始末をどうすればよいのか、まだ方法が決まっていません。炉内は放射能汚染がひどく、解体する事はできないので、外側から厚いコンクリートで固める事が考えられています。ですからあまり遠くない将来、日本の海岸線のあちこちに原子炉の墓がピラミッドのように立ち並ぶことになるでしょう。

この管理を怠れば放射能が洩れるわけですから、私たちの子孫は何千年もの長い将来にわたって、否応なく労力と神経をすりへらしてこの原子炉の墓守りをする破目に追いやられます。現代の私たちが、後の事も考えずにエネルギーを消費することによって、子孫に最悪のツケをまわすことになるのです。

7　秘密主義導入の危険性

再処理をして取り出されるプルトニウムは、猛毒の上、比較的簡単に原子爆弾を作ることができるので、紛失したり盗まれたりしないよう警備が強化されます。核ジャック防止の名目で反対運動を取り締まったり調査したりする事も予想され、言論の自由の制限や真実の報道が妨げられる恐れも出て来るでしょう。

すでに「自衛のための核武装は憲法に違反しない」という国会答弁もあり、「原子力の平和利用」という大義名分もどこまで守られるのか心配しています。

夏場の電力需要を抑える

石油代金の高騰を理由に電気料金が大巾に上げられ、私たちの生活を圧迫してきますが、電気料金は電気会社の資産に前もって8パーセントの利益を加えたものを基準にして決められます（資金基準方式）。その資産の中には未使用の設備費、土地代金等の2分の1や、10数年先までの莫大な核燃料費まで含まれています。これは他の企業では考えられない優遇措置です（電気料金制度）。

また、毎年夏のピークに合わせて原発建設の必要性が強調されますが、日本の総発電能力のうち実際に利用されるのは年間平均50〜60パーセントで、残りは遊休していることになります。夏のピークのために発電所を増やせばそれだけ平均利用率は下がり、私たちは相対的に高い電気料金を負担させられることになりはしないでしょうか。発電所を増やすよりも、夏場の電力需要を抑える工夫をすれば、現在の発電能力でも十分にやっていけます（供給義務規定）。

また、原子力こそ石油に代わるエネルギーのように言われていますが、原発では電気しか生産できません。電気が全エネルギー消費の中で占める割合は30パーセントであり、原発の発電量はそのうち10パーセント強ですから、エネルギー全体の中ではわずかな割合にすぎません。原発はコストが安いとして今後この割合を飛躍的に増やしてゆく計画ですが、そのコストの中には将来どれほどかかるか見当もつかない後始末の費用は全く入っていないのです

（原発の占める割合）。

法制度の見直しを

政府や電力会社が言うように、原発は本当に必要なのでしょうか。エネルギーがどのように使われているか、実態をよく知れば、危険な原発に頼らなくとも、十分に日本の経済活動や国民の生活を維持し、今までとは違った形でおだやかに、着実に発展させられることがわかってきます。

石油が安く豊富に使えた高度成長時代はもう去りつつあるのです。また、石炭や原子力を大量に使って経済成長路線を追い続けようとすれば、新しいより深刻な環境問題、資源問題に出会うことはまちがいありません。それよりは生産や生活のさまざまな面で、エネルギーを効率的に使う工夫を実行し、今より少ないエネルギー消費で経済活動や国民の生活を維持し発展させる道を探る方が賢明です。

また、太陽エネルギーなどの再生可能なエネルギー源を活用すれば、私たちの身近なところで熱や光や動力を手に入れることもできます。長野県でも自治体、個人、研究機関、地元企業が、それぞれ地元の気候風土や産業、生活条件に適した形で適正技術の開発を進めており、私たちもそれに注目しています。太陽光などの自然エネルギーの利用で、公害が少なく経済的にもすぐれたエネルギーを生み、それを地元で消費することに成功すれば、それは他の地域にとってもきっと大きな刺激になることでしょう。

それに電気事業法の電気料金制度や供給義務規定など、高度成長期前期に定められた法や制度の見直し、運営の改善等、政府や政党がもっとまじめに取り組むべき課題が沢山あります。こういう根本的な制度の問題を政府や政党が放置しているなら、私たちは主権者として今後そのような面にもっと目を注いでゆく必要があるでしょう。

資源やエネルギーを有効に利用する技術、制度、政策などをこれからつくり出すことと、資源やエネルギーを大切に使うような消費者の生活革命とを結びつけることが、将来の世代に対する私たちの責任だと思います。汚染された環境、危険と不安の多い社会を子孫への遺産にしてはなりません。そして貴重な資源を浪費せず、子孫に伝えていくことが私たちの義務でもあるのです。

＊80年1月28日・3月4日・6月10日・8月18日

柏崎に人類の巨大な〝墓穴〟を見た！

柏崎原発反対集会に参加して――Y・Y

3月3日、初めて柏崎の反原発集会に参加し、いろいろなことを体験し、考えさせられました。

長野からは、私を含めて4人で行ったのですが、私にとってはすべてが初めてで、見るもの聞くものびっくりすることばかりでした。集会は予定より30分ほど遅れて始まりましたが、集った400人あまりの人々の顔には、どこまでもこの原発を認めない、絶対反対で頑張るのだ、という決意がみなぎっていました。

地元反対同盟の報告や決意表明、支援各グループの激励の挨拶を通じて、人々の固い決意と闘志がビンビンと伝わってきました。私は今まで、原子力というもの、また原子力発電というものに対してあまり真剣に考えたことがありませんでした。それはやはり長野県には関係が無い、直接には被害を受けないから、という考えが頭のどこかにあったからなのです。しかしよく考えてみると、もし柏崎で事故が起これば、死の灰は長野にも降ってくるのです。

また、石油の値上がりを理由に4月から電気料金が大幅に上げられますが、その本当の目的はもっと多くの原発を建設し操業することだと聞きました。現実に放射能の危険をいっぱいかかえ、その上未来の人々を苦しめるにちがいない原発に、私たちの支払う電気料金から莫大なお金をかけるということはどうしても納得できません。原発建設についてはどこまでも反対し、日本から原発を無くさなくてはならないと思います。原発も原爆も取り返しのつかなくならない中に止めなければ、事故が起こったり使われたりしてからでは遅いのです。

集会の後デモ行進に出発しました。波の荒い日本海を左に、すでに工事が進んでいる原発建設地前面の県道を、参加者全員がそれぞれの旗を強い潮風になびかせながら、「原発粉砕！東電帰れ！」と力いっぱいのかけ声を繰り返しながら進みました。

この県道は東京電力が封鎖を計画しているもので、これを阻止することと、県道両端にある浜茶屋と団結小屋を守ることが反対運動の当面の重要な課題になっています。

デモ行進中次第に夕暮れが迫り、2時間後、解散地点の獄の尻団結小屋に着いた時はちょうど夕日が沈む時刻で、水平線の向こうに真っ赤に燃えた太陽がゆっくり沈んでゆきます。山に囲まれた長野ではこのような光景は見られません。大きな太陽が、あたり一面を赤く照らしながら海の波と共にゆれながら沈んでゆく、この美しい光景を目にしながら、絶対原発なんか認めない、何としてでも止めなければ、という気持ちでいっぱいでした。

電力会社が危険な原子力発電を推進する真の目的は一体何なのか？　これが今、私の疑問です。やはり資本の論理は利潤の追求ということでしょう。そしてそれを後押しする政府の意図はどこにあるのでしょうか。利潤以外にも何かあるのではないか。この点をもっと深く考えていかなければなりません。これが今後の私の課題です。

柏崎原発反対運動に支援を！

現在、新潟県柏崎市荒浜の海岸に、東京電力の原発建設が進行しています（東京で使う電気を、遠く離れた柏崎で作ろうとすること自体おかしいではありませんか。危険だからこそ人口の少ないところに持って来るのです！）。

遅れていた工事は急ピッチで進められ、先月、現地を訪れた人が「柏崎に人類の巨大な墓穴を見た！」と表現したように、海岸からわずかに入った地点に、原子炉据え付けの巨大な穴が掘り進められています。しかも軟弱な泥岩層の上に。

原発計画の当初から10年あまりを、一貫して反対して来た地元住民は、一見圧倒的な既成事実に抗して原発前面の県道封鎖を拒み、その両端に立つ浜茶屋と団結小屋を守り抜く覚悟を固めています。

考えても見てください。幼い時から馴れ親しみ、生活と切っても切り離せない大切な海が、重苦しい鉄の塀や鉄条網で遮られ、砂浜は掘り返され、その上に取り返しのつかない放射能汚染に脅かされているのです。反対するのが当然です。

この人々の止むに止まれぬ反対運動は、自分や自分の家族のためだけのものではありません。大きな不安を抱きながら行動できないでいる周辺住民や、さらには私たちと私たちの子どもたちにも代って、防人《さきもり》の役割を担っての反対運動です。

もし最初の1基ができて動き出せば、続く建設計画に反対することは一層困難になるでしょう（8～10基が計画中）。だから現在の反対運動がとても大切なのです。

もともとこの荒浜の海岸は、地元の人々が先祖代々共有地として大切に使って来た所です。それを柏崎市が機動隊を要請してまで住民の反対を力で押え、東京電力に売り渡しました（1977年）。

住民側はそれを無効であるとして訴え、現在係争中です（共有地訴訟）。ですから土地の所有権についてまだ決着がついていないのです。

東京電力による団結小屋仮処分申請

工事が進むにつれて、反対住民の二つの建物が支障になって来たために、去る4月19日東京電力は新潟地裁長岡支部に「団結小屋と浜茶屋撤去の仮処分」の申請をしました。これに対して住民側は二つの建物の法的所有権を主張し、東京電力の仮処分申請を却下するよう裁判所に求めています。

裁判所は双方の主張を聞く「審尋《しんじん》」（事情聴取）を行うため、6月2日に双方を呼び出しました。審尋というのは非公式・非公開で証人調べも行われない略式のものだそうです（当日は実質審議はなく次回は7月12日）。

荒浜の人々は、今回の仮処分申請は、共有地訴訟そのものであると受け止め、正式な公判を開き口頭弁論と証人調べも充分に行うこと、仮処分申請却下の判決を求めています。

なお、仮処分とは、争うべき事件があり、本訴訟を待つ時間的余裕がなく結論（判決）を急ぐ場合の手段です。

海を勝手に売り買いしないで

つい先日、能登から、昨日まで日本海を悠々と泳ぎ廻っていたであろう大きな真鱈《まだら》が宅急便で届きました。

前日、西海漁協の川辺さんから電話を頂き、お刺身で食べられるとのことで、感激しながら……、この大きなお魚が大海を泳いでいる様子を想像して感動しました。朝から研いでおいた包丁で、馴れない手付きながら、丁寧に丁寧にさばいてゆきました。

そのお刺身のおいしかったこと！　近くの何人かの人たちと分け合って味わいましたが、皆びっくりしています。鱈のお刺身を食べるのはみんな初めてでした。白子も肝臓も頭も全部おいしく頂きました。山国の私たちは今までこういうお魚の味を知らなかったのです。

今回北陸集会が開かれた能登では、17年間も粘り強い原発反対運動が続いて、北陸電力が計画中の原発建設を阻止していますが、電力会社も様々な手段で反対する漁民や住民に攻勢をかけているそうです。

その中でもとりわけ頑張って来た西海漁協への風当たりは強く、漁協長であった川辺さんは先年、漁協の存立のために勇退の止むなきに到りました。詳しい事情はここに書き切れませんが、漁協長が代わっても、原発反対の姿勢を取りつづける西海漁協に対して様々な切り崩しが行われている様子です。

長年にわたる苦闘の中で、クリスチャンである川辺さんが考え続けて来られたことは、「魚は誰のものか」という事でした。漁師は今まで海も魚もわがものと思って来たがそうではない。海はみんなのものであり、消費者あっての漁業であると。

今、日本で消費者の魚離れが起こっているのは、本当の魚の味が味わえなくなっているからではないだろうか。人々が魚離れを起こせば漁業に希望を失った漁民は原発に海を売ってしまう。

海は人間が勝手に売り買いすべきものではなく、人類共有の財産として、きれいなまま子孫に渡してゆくべきであるのに……。

そのような考え方を基本にして、魚の産直運動など、ユニークな実践をして来られたのですが、今回新しい試みとして、宅急便を利用して遠隔地へ鮮魚を送る調査を始められたところです。

これから時々送って頂くようお願いしましたが、色々な方法で私たちが海の幸の本当の味を再確認し、原発に反対しつつ海に生きる人々と手を携えて、日本の海をいつまでもきれいに守っていきたいものです。

海洋投棄

サイパン島の小学生が描いた「原発のゴミを太平洋に捨てないで!!」というポスターを見ました。核のドラム缶を食べている母親の胎内で、片手しか無い胎児が「助けてくれ!」と叫んでいます。日本の「核廃棄物海洋投棄計画」に対して、太平洋諸国では小学生までこれほど真剣に反対しています。その代表団が昨日（3月3日）まで日本に来てこの計画の「凍結」ではなく「撤回」を求めました。

「私たち南の島の人々があなたの国にゴミを捨てに行ったら、あなた方は何と言うでしょうか。私たちにはそんな事、恥ずかしくてできません」とこの子たちは言っています。私たち日本人はどう答えたらいいのでしょうか。

一方、日本では現在27基の原発が動き、日々核のゴミを作り出しています。さらに原発の数百倍も汚い再処理工場を下北半島に作る計画です。このままでゆけば、日本の未来はこのポスターにそのまま予言されているようです。私たちはこの子どもたちに励まされて、反核・反原発の声を上げましょう。

スリーマイル島原発事故を忘れないで

＊85年4月

スリーマイル島原発事故6周年にあたって――Y・Y（『山国の反原発便りNo.5』より）

１９７９年3月28日未明、アメリカ・スリーマイル島原発で大事故が起きた。そして今年で6年が過ぎようとしている。しかし私たち「長野で原子力を考える会」では、この事故を忘れまいと、しつこく今も「原発」の恐ろしさをみなさんに呼びかけているわけだ。そして今年も3月28日が来た。

のど元過ぎれば何とやらで、めまぐるしく、毎日の事件に追いかけられて、重大な物事が見えなくなってしまいがちだが、けんめいに一つの件についてこだわりつづけることは、意義のあることだと思う。と同時にむずかしいことでもあると痛感する。

スリーマイル島の現地は今どうなっているのだろうか？　ミニコミ紙によると、核燃料が溶けて、未だに崩壊熱を出し続けるために、それを冷やすため、大量の水を炉内に送り続けなければならない（給水が止まれば、また核分裂が暴走し始める）でいるという。いったいあと何年したら安全な状態が回復するのだろう。TVニュースでも、最近の破損した炉心の様子をビデオカメラにとらえられ、改めて当初報道された事故のすごさを見せつけられた。

周囲の放射能の影響はどうなんだろうか。一応、政府・電力会社・御用学者たちは口をそろえて「放射能による被害はなかった」と言い張るが、実はそんなことは決してなかったのだ。京都精華大学の中尾ハジメ氏と写真家のアイリーン・スミスさんが、スリーマイル島現地を取材したところによる報告には、とてもショッキングな住民の証言がたくさん出て来ている。その証言の一つを紹介すると、

ビル・ピーターズ（オートレーサー、当時46歳）は、原発西9.5キロメートルに住む。29日ガレージ内で仕事をしながらTシャツから露出した肌に日焼けを感じ、喉と胸が熱く、メッキ溶接の時と似た味がした。30日朝、鼻の下に小さな水ブクレができていた。警官が来て「家の中に入れ、この空気を吸うな！」と言われる。午後、フロリダ方面へ避難するが、夜になると下痢、吐き気、熱がひどくなり、水ブクレも悪化した。1週間後に

自宅に戻ると、まだ金属の味がしていた。家に残しておいた犬と4匹の猫がともに目が白く焼けたようになって死んでいた。

4月末頃、庭の草を刈ると、鳥の死骸がゴロゴロ出てドラム缶に3分の1位もたまった。この年は家のくるみの木（8本）はすべて葉をつけず、8月までは、ハエも蚊も鳥も見当たらなかった。

彼はその後、目が悪くなり新聞が読めなくなる。心臓の手術もする。また、1980〜83年までに、彼の集落（21戸）で9人の癌患者が出て6名が死亡した。この9人のうち7人は事故当時、避難せずに地域にとどまった人たちだ。

政府や役人、学者たちは、口をそろえて、「原発には、二重三重の安全装置がついているから大丈夫」といっていたが、スリーマイル島の事故は、それをくぐりぬけて大事故となってしまった。そして住民や動植物は科学的データより正確に反応した。

柏崎原発もこのような大事故が起きないと、だれが言えようか。パニックの中で私たちは本当に逃げられるのだろうか。一刻も早く、多くの人々がこのことを考え、行動を起こさなければならないと訴えてやまない。

＊　＊　＊　＊　＊　＊

昨夜のニュースは繰り返しスリーマイル島原発炉溶融について報じていました。今日（4月12日）の新聞にも大きく出ています。テレビで大阪大学の久米三四郎先生が「炉心は溶けないというこれまでの大前提が崩れたのだから、原発を見直すべきである」と話しておられました。

テレビでは、めちゃめちゃに溶けてまた固まった炉内の有様が映し出されましたが、もちろん人が入って映せるわけはなく、ファイバースコープを使った遠隔操作による撮影です。Y・Yさんの報告のように、近辺の住民が大きな被害を受けて今も苦しみ、将来へも深刻な不安を抱いている事を考え併せると、原発は到底一人類、また全ての生物と共存できないものだと痛感させられます。

〝核〟を持たないことは〝原発〟を持たないこと

＊85年４月12日・６月30日

中部電力と原発

長野県に電力を供給している中部電力も、静岡県浜岡町に２基１３０万キロワットの原発を運転しています。現在３号機を建設中で、さらに４号機の建設も町当局に申し入れました。東海大地震が予想される地域に、危険な原発をなぜ次々に建てるのでしょうか。しかも様々なＰＲで消費者の目をくらましながら……。

スリーマイル島原発では１個のバルブの締め忘れから、連鎖的に大事故に到りました。浜岡原発で地震によってパイプが破れればスリーマイル島以上の大事故になるでしょう。

中部電力は原発の率がまだ低い方（３号機を入れて13パーセント）だそうですが、もう原発を増やさず太陽光発電等、安全な方向に力を入れてほしいと思います。大事故が起こってからでは誰もどうすることもできないのですから。

「日本政府の核政策に対する抗議声明」に関する件（継続）

（第64回総会　1985年5月26日可決「議案第5号」）日本キリスト教団神奈川教区

日本政府は「核を持たざる大国をめざし、非核三原則を堅持する」と再三言明していますが、実際に推し進めている核政策に対して、私たちは大きな危惧を抱かざるをえません。

① 政府は「核を持たざる平和大国」と言いますが、現に日本国内にアメリカ軍の核基地が存在している事実をどのように弁明するのでしょうか。「核を持たざる大国」を望むなら、いま直ちに核基地を撤去し、「アメリカの核のカサ」に依存する政策を変えるべきだ、と私たちは考えます。

昨年、私たちが横須賀で行ったアンケート調査によれば、67パーセント（約1350名中900名）の住民が「核基地」に不安を抱いていることがわかりました。

このように、現に多くの住民に脅威と不安を与えている「核基地」を承認していながら、「核を持たざる国」にしたいというのは詭弁でしかありません。

②「非核三原則を堅持する」と言いますが、「核のカサ」を認め、アメリカの核世界戦略に積極的に対応し、日米核軍事同盟化を強めているのはどういうことでしょうか。
政府自ら「非核三原則」を踏みにじり、それを空洞化させておきながら、「非核三原則を堅持する」という詭弁に対して強く抗議します。

③　原子力発電は毎日ゆっくり爆発させている核兵器です。
政府は「核を持たざる平和大国をめざし」と言いますが、現に起きている原子力発電所の放射能タレ流し事故や、原発内で被曝しながら働く労働者、さらに北アメリカ、オーストラリア等のウラン採掘坑で働く労働者、地域住民（アメリカ先住民等）の苦しみを直視しなければなりません。

「核による被曝」は着実に原発によって拡大されており、放射能による自然と生命の破壊は果てしなくひろがっています。

しかも原発から排出される「核廃棄物」を政府・科学技術庁は太平洋の海底に投棄しようとしていますが、それによって甚大な被害を受ける太平洋の人びとは「その計画を絶対に中止してほしい」と必死に叫び、訴えています。彼らは「核の加害者になる日本」に対して激しい怒りを表明しています。なぜなら「核廃棄物」は彼らにとって「核兵器」

の与える脅威と全く変わることがないからです。

人間の手に負えない、膨大かつ危険な死の灰、プルトニウム、濃縮ウランをこれ以上つくり出さないために、直ちに原発を操業停止すべきです。私たちは「核を持たない」ということは、「原発を持たない」ということであると考えます。
④「原子炉」は「原爆材料製造炉」であるために、いつでも日本は核兵器を製造できるようになりました。例えばアメリカで原発から出てくるプルトニウムを加工して、核兵器に転用しています。従って「核の平和利用」とは「核の軍事利用」ということであり、この意味で、日本はすでに潜在的核保有大国なのです。
それゆえ、「核を持たざる平和大国」であろうとするならば、原発を廃棄しなければなりません。それをしないで「平和」を語ることは全くの詭弁でしかありません。

ヨーロッパの反核運動の巨大なうねりが「反原発運動」から起きていることに注目せざるをえないのはこのためです。

以上、私たちは「核基地」を容認し、人々を踏みつけにしながら被曝させつつ、核兵器の材料となり得るプルトニウムを日に日に造り出している「原発」の設置をさらに推進することによって、「核大国」へつき進んでいる政府に対して厳しく抗議いたします。

（原文＝１９８２年５月23日、改訂＝１９８４年２月26日）

この反核声明は、日本キリスト教団神奈川教区の本年度総会で可決されたものです。前須坂教会牧師であり、現在は横須賀市衣笠病院教会牧師の倉田一郎先生が送って下さいました。

この「抗議声明」の中で「原子力発電」に対する抗議に重点が置かれている事に注目して下さい。〝「核を持たない」ということは「原発を持たない」ということであると考えます〟――この明快な論理に私たちは心から賛同します。ことに私は一キリスト者として神奈川教区のこのような姿勢を心から喜び、他教区もこれに続く事を願っています。

一方、反原発を党是としてきた社会党が揺れています。先般の全国書記長会議の折の調査では半数が全ての原発に反対で、「稼働中は容認」が20パーセントだった由。幸い長野県社会党は〝全ての原発に反対〟の立場です。しかし党上層部には政権を目指すためには現実路線をという声や、他党からのゆさぶりもあるようで心配で目が離せません。市民の反原発の声をもっと大きくして社会党を励ます必要があります。

ニュージーランドのロンギ首相があれだけ頑張れるのは、国民の幅広い反核運動の支えがあればこそ、と聞いています。

第4章 ● 聞いてください 〝チェルノブイリ〟の悲しみと祈りを

チェルノブイリの黙示録

*86年7月9日・9月30日

〝チェルノブイリ〟を最後の警告に！

ソ連（現ロシア）・チェルノブイリ原発が原子の火を吹き上げ、8000キロメートル離れた日本にまで死の灰が降って来てから2か月あまりが経ちました。でも私たちは遠い外国の出来事として、もう忘れかけていないでしょうか。

今回の事故による死者はすでに27名となり「原発で死んだ人はいない」という関係者の主張は崩れ去りました。しかし、放射能特有の被害が、長く広範囲に人々を苦しめるのはこれからの問題であり、事故原発周辺だけでなくヨーロッパ全体が不安におびえています。

6月22日の講演会で西尾漠氏は、〝日本の原発はタイプが違うから安全だ〟と言い逃れをした電力会社も実は大きなショックを受けており、東京電力が柏崎原発6、7号機の建設計画を凍結したという『日刊工業新聞』（5月22日）の記事を紹介されました。

その一方で、電力会社のテレビCMは華やかさを増し、国民の原発への不安を打ち消すのに懸命です。私たちはその奥にあるものを見抜く目を持ちたいものです。

チェルノブイリ原発事故は、人間のおごりに対する最後の警告として真剣に受け止めなければならないと思います。最も影響を受けやすい成長期に、強い放射能に曝され、汚染された食物を食べた数知れない子どもたち！　この子らの将来に何が待っているのか、考えるだけでも怖ろしいことです。大人として詫びる言葉もありません。

タイプは違っても原発の危険性は共通のものです。ソ連では30キロメートル以内の住民10万人を今なお避難させていますが、日本では事故が起こっても逃げる場所もありません（日本での大事故を予想したレポート［1960年科技庁作成］は、あまりの予想被害の大きさに極秘文書とされました）。

「現在の生活水準を維持するためには原発も必要なのではないか」というのが一般的な意見ですが、それは「いのちと引きかえ」であることを今度の事故が明らかにしました。

幸島の1匹のサルから始まった〃イモ洗い〃が次々と拡がってゆき、100番目のサルに達した時、サル社会全体に変革が起こり、別の地域のサルまでイモ洗いを始めたという事です。そのように私たち一人ひとりが「原発のない社会を！」という意志を持ち、次々と輪を拡げてゆけばきっとそれを実現できると信じます。あなたもどうか輪に加わってください。

ヨハネ黙示録とチェルノブイリ――原田日出国牧師

（1986年9月14日　於・須坂教会主日礼拝）

『われなんじらを選べり』（ヨハネによる福音書15章16―27節）

「あなたが私を選んだのではない。わたしがあなたがたを選んだのである。そして、あなたがたを立てた。もしこの世があなたがたを憎むならば、あなたがたよりも先にわたしを憎んだことを、知っておくがよい。しかし、あなたがたはこの世のものではない。かえって、わたしがあなたがたをこの世から選び出したのである。だから、この世はあなたがたを憎むのである」

＊　＊　＊　＊　＊

「一寸先は闇」という言葉があります。明日何がどう変わるかわからない。7日の午後、公民館で西ドイツから一時帰国中の山本千佳子さんから「ソ連原発事故後のヨーロッパ報告」を聞きました。

山本さんのお話によると、今回の事故で広島原爆の数十倍から数百倍の放射能がヨーロッパに飛び散った。食糧パニックが起こり、水も牛乳も野菜も肉も魚も危ない。目に見えない放射能汚染が国境を越えて拡がり、子どもも外で遊んではいけない。ことに砂場が危ない。また、農業の被害は今後計り知れない、という大変なことでした。

もし、日本の原発（例えば茨城県東海村原発）で同じような事故が起こったら（起こりうる）北海道から沖縄まで、まるごと汚染されてしまう。広いソ連なら逃げることができても、日本では逃げる余地はない。一寸先は闇だと実感しました。

その後「チェルノブイリ」とは、ヨハネ黙示録8章に記されている「ニガヨモギ」のロシア名であることを知り非常に考えさせられました。

黙示録によると、天から「ニガヨモギ」という名の星が、川とその水源の上に落ちて、水の3分の1が苦くなり、そのために多くの人が死んだとあります。ここで大変暗示的なことは、ニガヨモギという植物の主成分が有毒物であると同時に、アブサンやベルモット等の香味原料に使われる、ということです。これはまさに「核の平和利用」といわれてきた原子力発電にも当てはまるようです。

ただ、私どもが聖書、ことに預言書や黙示文学を読む場合、注意しなければならないことは「ここに書いてあることが起こった！」というように自分の判断を入れて読み込むべきではない、ということです。

神を畏《おそ》れぬ人間のごう慢、世界の中に、そして私たちの中にある「ニガヨモギ＝チェルノブイリ」を聖書は指し示しています。私たちは聖書に聴くことによって、神の前に裁かれるべき現実を示されるのです。

ところで、ヨハネの名のつく文書に共通の特色として、「この世」（コスモス）という言葉が頻繁に出てきます。これは単に地球ということではなく、神が創造され「良し」とされたもの、そして人間の思い上がりによって汚され「ニガヨモギ」によって神に裁かれねばならない「この世」を意味しています。

しかし、私たちがヨハネ文書に於いて最初に出会う「この世」という言葉は「すべての人を照らすまことの光があって世に来た」（ヨハネ1章9節）という神の救いの業を告げるクリスマスのメッセージに於いてであります。

＊　＊　＊　＊　＊

私たちが、神に賜った「この世」をほしいままに汚し続けているにもかかわらず、「この世」が救われるために御子を遣わされた、という強烈な恵みの確かさ、その宣言です。

私たちはクリスチャン、即ち、選ばれた者、として日々どれほどの強烈さで「この世」に対しているでしょうか。今日のところは、主イエスが十字架に架けられる前、弟子たちの足を洗われた後に語られた言葉ですが、「この世はあなたがたを憎むであろう」と厳しいことが告げられています。これはイエスの弟子たちが好んで「この世」と事を構える、ということではなく、キリストの弟子をして忠実に生きようとするとき、必然的に対立を生じ、苦難を受けるであろうという事です。

今日、日本に於けるキリスト者は依然として少数者であり、キリスト者であるが故に苦しむ、という事がありますが、「この世はあなたがたを憎むであろう」といわれた事以上に大切なのは、「もしこの世があなたがたを憎むならば、あなたがたより先に私を憎んだことを知っておくがよい」（18節）といわれた主イエスの御言葉です。

信仰者として苦労するとき、殉教者精神などといわれることがありますが、これは一歩間違えると鼻持ちならないものになる。「自分が」という思いが鼻につく。「あなたがたより先に憎まれ、苦しんだ」といわれる主を見つめ、「自分が」という思いから解き放たれて、主の御用に役立たせていただく。「わたしのために人々があなたがたを迫害する時――喜びよろこべ」といわれる主に、「イエスさま、その通りです。わたしたちより先に苦しまれた主を見上げさせてください」と祈る時、聖霊が助けて意気消沈しがちな私たちを支えてくださる。

「あなたがたはこの世のものではない。わたしがあなたがたをこの世から選び出したのだ」と力強く私たち一人ひとりに語りかけてくださる主・イエス、ここに私たちの信仰の確かさがあります。頼りない私の信仰を「神による選び」と置きかえて主が語ってくださったといえましょう。

「神の選び」ということは、考えてみるとよく解らないですね。何故この私が選ばれたのか、という理由が解らない。第1コリント1章28節に「無きに等しい者をあえて選ばれた」とあります。人間は浅ましく、本当は自分を「無きに等しい者」などとは思いたくない。有限な塵に返る存在に過ぎないのに自分を誇りたい。そこにいらだちがあります。しかし、主が私を選んでくださった、という信仰に生きる時、選んでくださった主を誇る、誇り高き人間として生きる事ができるのです。

それにしても、「神の選びの理由」の他に、もう一つ解らないことがあります。それは「選びの目的」です。何のために労して生きるのか、神を信じていても不安になる。この事についてマルコ3章13—16節に「12人（弟子たち）をお立てになった」という独特な言葉があります。ここの「立てる」という言葉は「派遣する」という意味です。「そこで12人（弟子たち）をお立てになった。彼らを自分のそばに置くためであり、さらに宣教に遣わし、また悪霊を追い出す権威を持たせるためであった」（14節）と記されているように、キリストの弟子である私たちは、キリストに立てられて「この世」に派遣されるのです。

神が創られた「この世」を破壊する「チェルノブイリ」を追い出す主の御用のために私たちは遣わされるのであります。そこに神が私たちを選んでくださった「目的」があります。

『祈り』

全能の父なる神さま。この朝もまた、礼拝に招かれ、人を生かす真理の御言葉を頂いた事を心から感謝し、聖い御名をほめ讃えます。

何ゆえに、また何のために生き、働くべきかを本当には知らない私たちであります。けれどもただ、永遠の神、あなたが「なんじらわれを選びしにあらず、われなんじを選べり」といってくださるその御言葉、そしてその御言葉を信ずる信仰によって、私たちはこの全く見通しのきかない世にあっても、雄々しく生きぬくことができるのです。

人間の果てしない欲望とごう慢が地球を破壊し、その力の大きさに闘う気力さえ失いそうになります。しかし、にもかかわらず、このように罪深い人間と世界を救うために、愛する御子をさえ惜しまずお与えくださったあなたの愛を決して忘れることなく、一人ひとりがこの世のただ中で、神の義と平和を現わすために働き続ける者とならせてください。

主・キリストの御名によって。

アーメン

*87年3月6日・7月26日

ふるさとを核のゴミ捨て場にしないで

青森から――倉坪芳子さん

先日は『山国の反原発だより』とお手紙をいただきましてありがとうございました。

昔から長野県は教育熱心な所だといわれていますが、毎月通信を出し、いろいろな活動をなさっているのを拝見しまして、私たちもがんばらなくてはと思います。そして皆さまもやはり私たちと同じように意見広告を出しているので勇気づけられます。それにしましても広告料が2万円とは安い！

私は8歳、7歳、2歳の3人の母親で、津軽で生まれ津軽で育ちました。よく津軽の人は「口が重い」とか「耐える」とか言われますが、「耐える」のも時と場合によりけりです。

自分のふるさとが、核のゴミ捨て場になるのは絶対許せません！

（意見広告の）11人の事務局のうち、県内出身者は二人、後は転勤で弘前に来た人ばかりです。この辺は核燃（六ヶ所村核燃施設）はいやだけれどなかなか口に出して言う人は少ない土地柄で、また、今さら反対しても仕方がない、とあきらめている人の多い中で、私たち女の人が中心になり、意見広告を出す、というのは青森県では初めての事だそうです。

呼びかけ人の人たちのご協力を得て、できる限り頑張ってみるつもりです。皆様にもどうぞよろしくお伝えくださいませ。

追伸　私たちは、この意見広告とは別に、「核燃と原発に反対する女のデモ」を毎月1回行っています。チラシも毎月交代で作っています。2月は大人7人、子ども（赤ん坊も含む）4人。夏は大人も20人はいたのですが、やはり寒いせいか、また、土地柄もあり、なかなか広まりません。でも、いつかこの運動が広がるよう、子どものためという思いだけで街頭に出ています。

群馬から――田島泰男さん

前略。友人がとんでもない本を持ち込んできました。『原子力発電とはなにか――そのわかりやすい説明』広瀬隆（野草社）。

その本を読んでがっかりするやら、腹が立つやら、なんともし難い感情に振りまわされっぱなしです。「知らない」という事の怖さを思い知らされました。何かしなくては、と思うのですが、どうして良いやら皆目見当がつきません。今はただ、知人にこの本をお送りすることにしています。

今年の４月から、文庫にお話の時間を設けようと思って練習していたのですが、原発の事で頭が一杯になってしまい、もう少し先に延びてしまいそうです。もっと何か書かなくてはいけないのですが、気持ちばかりが先走ってまとまりません。おからだをご大切に。

（児童文学の岩崎京子さん宛に、群馬県の田島泰男さんから来たお便りを回してくださったものです。とても切実なお気持ちが伝わってくるのでお許しを得てご紹介します）

福岡から —— 山口さん

「ボイコットから創造へ」で坂田さんの記事を読みました。あの中にあったミニコミや資料を送ってくださいませんか。

当方36歳の主婦（この呼び方には少々疑問をもっていますがとりあえず）、連れあい36歳（塾の先生）、６歳、２歳、４か月の３人の子持ちです。他に鶏10羽、山羊１頭います。６年前に東京から引っ越してきました。

きっかけは、今の世の中、どこを見ても八方ふさがりで、空を見ても山を見ても川を見ても人間の未来に暗いものを感じさせるものばかり、食べものには特に危機感を持っていました。

当時長女が生まれたばかりで、なんとか無農薬のものを、と走りまわっていました。（中略）そのうちに、こういう生活は何だか変だな、という事で福岡の山の中の畑を借りられる場所に引越しました。今は野菜、みそは自給しています。そんな生活の中で二人目の子、三人目の子が生まれて1か月目のある日、連れあいが1冊の本を目の前に置いてくれました。本の題は『東京に原発を！』、著者は広瀬隆。非常にショッキングな内容でした。

チェルノブイリ事故のショックも、お産の後ということもあって忘れていたころです。子どもを作ったことを本当に後悔しました。夜中におっぱいに吸いつく子どもを見る時、この子の未来を思いながら情けないやら腹立たしいやら……。

もしまだなら是非読んでください。

ともかく、このままではいけない。何か動かなければ、という思いで、周りの人にこの本をすすめています。そして10人位が発起人となって4月に広瀬氏の講演会をすることになっています。

元々、地域住民運動には関心はあったのですが、もう一つ、自分の問題としてとらえられず、一歩離れた所から見ているだけの私でした。そんな私でも原発の問題には腰を上げざるを得ません。殺されるのをただ待つだけ、というのがいやなら。

こんなたたかいには全く無知な私ですので、思いついたところから始めようということで、まず講演会。まずなるべく多くの人に原発の実像を知ってもらおうという事です。今のところ、それ以外は全くわかりません。ミニコミをまとめた物等がありましたら、どうか送ってください。

「核燃まいね！」の周辺を旅して ―― 和久井輝夫さん

……まいね、とは青森県津軽地方の方言で「ダメ！」「イヤダ！」「ノー！」という意味。

過日（6月28日〜7月5日まで）仕事で青森県を訪れた。主に教会（キリスト教）の礼拝に使われるオルガンの整備のためではあるが、南部、津軽両地区をほぼ2週間の行程であった。最初に行ったのは自衛隊、アメリカ軍基地などのある三沢市であった。同じ教会員で原発反対のミニコミ等を出している坂田さんから日頃聞いていて、特に気にかかっていた六ヶ所村は、ここから約20キロメートルほど北上したところにあると聞いたが、仕事の都合上、核燃料サイクル予定地とされているそこまで行く時間がなく残念であった。

そこで、仕事の側ら、というより仕事をしながら、いわゆる「核燃まいね！」の方々にお会いしたい願いをもって、何人かの人たちとふれあうことができた。

瞬時の交流の中で知り得た情報から、断片的な感想をお伝えします。

一口で言って、これは恐ろしい自爆行為としか言い表せない企画である。「まいねスト」（私の造語「核燃を拒否する人々」の意）によると、自衛隊基地及び実弾演習地から10キロメートルと離れていないところに施設の一部が造られるとのこと。F16ファントム戦闘機が飛び交うことさえ、基地周辺の住民は身の縮む思いがしているのに、あの危険きわまりない原発再処理施設に、もし一発の実弾が当たったならどういうことになるのだろうか。下北地方の人たちの気持ちを察するにあまりある事柄である。

県の関係者等、あげて招致、推進をしている今日、反対運動の成果が危ぶまれる向きもあるが、「まいねスト」の方々の地道な、それでいて精力的な運動には誠に頭の下がる思いがする。

これは単なる反対運動ではない。弱者切り捨てに連なる、人権、人格を無視する流れに立ち向かう尊い闘いである。そしてまた、国民の今日と将来とを間違った方向から引き戻す預言者的な働きでもあると思う。共に連帯して、山国信州に居てできる支援をし続けたいと思うこのごろである。

〝動燃〟の力ずくの企み

＊87年5月15日

三重県芦浜に中部電力が原発を建設しようと長年にわたって計画しています。そこでの反対運動のミニコミ『原発いらない』に、心沁みる一文がありました。著者はカトリックのクリスチャンで、三重県在住のお友達宛ての手紙です。ぜひ私の知人、とりわけ教会の方々にご紹介したく、お許しを得て転載いたします。

北の国から

今日お便りするのは、幌延《ほろのべ》（アイヌ語で「ぽろ・のぶ」大平原の意）という小さな町で起きている一連の哀しい出来事をお知らせしたかったからなのですが、それは決して一つの遠い町のことだけでなく、私たちのこのささやかな暮らしのなかにも、はっきりとした影のように見えてきたことなのです。

旭川よりもっと北にある幌延町です。それは北海道の最北端、稚内より南に60キロ、サロベツ国立公園の中にある人口3700人の酪農の町です。

その町長が、過疎からの脱却と地域振興の足がかりとして原子力施設の誘致をしたことがきっかけとなって、動力炉核燃料開発事業団（動燃）は、高レベル放射能性廃棄物を貯蔵・管理する貯蔵工学センターの建設をこの幌延に計画しています。

高レベル放射能性廃棄物とは、一言でいえば原子力発電の結果出るゴミ、つまり使用済み核燃料の再処理に伴って出る死の灰の液のことで、この廃液をガラス《ゴ》固体《ミ》化としてキャニスターという筒状の容器に入れて、それを2000本地下に貯蔵する計画なのです。

けれども、1キャニスターあたりの放射能は、冷却期間にもよりますが、70〜80万キュリー（放射能の単位。1キュリーは、370億ベクレル）に達し、数百人から1000万人の致死量にあたるということなのです。その中でも特にプルトニウム239元素は極めて毒性が高い放射能を出し、動物の骨に沈着しやすく、その半減期は2万4000年と極めて長いのです。ですから、この放射性廃棄物は、数千年から数十万年にもわたって、その危険性を封じ込める安全な処分方法が是非とも必要とされます。が、現在の科学水準ではどこに於いても、その安全性がまだまったく確立されていないということなのです。にもかかわらず、動燃事業団は、〝調査〟という言葉を繰り返しながら、実際は核のゴミ捨て場をなんとか確保したい、つまり幌延に決めようとしているのです。

先ほども申しましたように、幌延は遠い遠い道北の小さな過疎の町です。旭川へ来てから、何度かテレビのニュースで動燃事業団による力ずくでの現地調査の開始を見ました。それに反対する人たちを排除して、何が何でもここに決めたいのだ、ここに捨てたいのだ、という決意を知りました。

動燃に踏みにじられた原発の基本原則

思わず私は、以前教会で見せていただいたフィルムで、南太平洋の海洋に核廃棄物を投棄しようとする日本に対して、美しい島の自然を守ろうとする誇り高い島民の抗議デモやアピールの光景を思い出しました。皆、堂々として自分たちの生活、信仰、日々の営みを守るのだと――、そんな気負いもない力強さが、南の青い空と海とともにとても印象的でした。でもそのフィルムを見せていただいても、私には実はその南の島の方たちの怒りと悲しみが、自分の問題としては何もわかっていなかったのです。

そしてこの11月、またも動燃事業団は、幌延の高レベル放射性廃棄物貯蔵施設の立地・環境調査を進めている予定地に、反対する人たちが警戒する中を、何とヘリコプターで、ボーリング用の機材を搬入したのでした。反対派から逮捕者まで出たこのニュースを観ていた私は、またしても虚を突かれた反対派や酪農家の人たちの落胆と悲しみの声の中で、インタビューに答える代表の方が涙しながら「動燃は原子力発電の基本の三つの原則―自主・民主・公開を自らすべて踏みにじっているのです」と言われているのを、じっと聞いておりました。もう雪の降る過疎の町・幌延で、たった150人の反対する人たちがやっと集まれただけの――、そんなニュースの画面を、私もまた、泣きたい思いで観続けておりました。

その時、直観というか、私なりの感性をよりどころにして申し上げるならば、「ああ、正しくないことがこんなにも力ずくで行われているのだ」という深い思いでした。〝正しくない〟という言葉がこんなにも強く私の内に想起されたのは、私自身にとっても一つの驚きでした。正しいとか正しくないという判断は相対的なことで、すべては後の歴史が決めることだという人もおられるかもしれません。私もそんなふうに思っていた時もありました。でも、この地上に生を受けた私たちのうち、いったい誰に、この地を遠い遠い未来にまでぬぐいきれないほど汚辱する権利があるのでしょうか。誰にもありはしない――。この母なる大地、すべての生態系、私たちのいのちは、神様が与えてくださったかけがえのないものなのですから。

知ることの悲しみに耐えて

原子力発電を進める政策が、私たちの国の政策になりつつあるのだとしても（そんなことをいつ、誰が決めたのでしょう）、数々の原子炉の事故の際、事実が隠されたり、数値が偽られたりするように、公開の原則が守られたことはなく、また、現に反対する人たちを徹底的に排除する、といった方法が常に採られるように、民主的という原則からもはるかにほど遠いのです。そこではいつも、声なき者の声はさらにかき消され、弱い者、小さい者は切り落とされていくのです。

でも、私は今まで一度も集会に参加したこともなく、幌延の町に行ったこともなく、署名運動をしたこともなかったのです。過疎の町・幌延で起こっていることを、この旭川へ来て初めて知ったのです。一つの権力が人の心を踏みにじり、その土地の暮らしを破壊し、気が遠くなるような未来まで汚していこうとしているのを、初めて、はっきりと知ったのです。

知ることは悲しいことでした。悲しみと無力感の中でこの手紙を書いています。私は、自分が当然のように享受している生活の豊かさが、このプルトニウムをつくっている大きな力とどこかでつながっていることを今、やっと気づいています。でも悲しくても祈り、希望し、そのために働くとき、私たちは神さまにつながっているのだと、今は、心から信じたいのです。

外は雪が降る夕方、この手紙を書く私の横では、机によじ登って一生懸命遊んでいる1歳の子がいます。歩くのが上手になったとたん、今度はソファや机に登ることを覚えました。一人では下りられなかったのですが、昨日くらいから上手に下りられるようになりました。こんな小さな子でもチャレンジしたことがうまくできるようになると、うれしそうにニコッと笑うのです。できなかったことができるって本当にすてきなことです。私もいっしょになって喜んであげます。

生きていくことがうれしいと思える日、私もまた、決して無力ではないのだと自分に言い聞かせています。神さまからいただいた世界中の子どもたちの輝くようないのちを、私たちは何としてでも守っていきたいのです。

チェルノブイリの余震

一九八六年五月・放射能の日常

ギバ・シャーフ

五月の雨は子どもを大きくするからと
母は私を外で遊ばせた
五月の雨は子どもを病気にするからと
わたしは娘を外に出さない
果物と野菜は健康だからと
母はわたしにサラダとイチゴをあたえた
果物と野菜は毒だからと

＊87年6月23日

私は娘に冷凍食品と缶詰をあたえる
ミルクとパンはほっぺたを赤くすると母は言った
粉ミルクとセシウム・パンもかしら？
（後略）

この詩を書いたのは、幼い子どもを持った西ドイツの一人の母親です。田代ヤネス和温著『チェルノブイリの雲の下で』（技術と人間）の中でこれを読み、言い知れぬ息苦しさに胸をしめつけられる思いがしました。

これほどの状況の中で母親たちは、できるだけ汚染の少ない食糧の入手に努力しながら、また、子どもたちと共に将来の大きな課題に立ち向かおうとしています。

子どもたちの反応は――（同書より）――

おじいさんはガンで死んだが私はガンで死にたくないと、芝生に入ろうとしない11歳のカトリーヌ。雨にびしょぬれになり「ぼくもう死んじゃうの？」と母親に聞くトビアス。10歳になるトーマスは「お母さん、大人たちは間もなく死んでしまうからいいけど、ぼくたちはすべてが毒された世界に生きていかなくちゃならないんだ」と言う。

もっと小さい子は——「牛はどうして放射能をとり除けないんだ?」と聞く3歳のローナルド。「家に入れてやらないと病気になっちゃうよ」と林の木を指さす5歳のブリギッタ——。

『チェルノブイリの教訓』(岸本康『信濃毎日新聞』潮流87年4月17日)を読んで——関野のぶ江

これを読むと、日本原子力文化振興財団常務理事の岸本康氏は、チェルノブイリ原発事故に関連して、数年前の敦賀原発事故を「騒ぎ」と表現しておられる。氏が「騒ぎ」と敢えて言うのは、敦賀事故で汚染された海水の放射能が、人々が好んで飲むラジウム温泉のそれの数百分の1以下であって(つまり実害はなく)、問題はむしろ放射能洩れを隠し、とりつくろったところにある、という考え方によるらしい。

氏はチェルノブイリ原発事故についても「ソ連側の発表によると、事故で急性放射線病にかかった237人の大部分は今は仕事に就き、身障者証明書を渡されたのは11人だけ。避難民中1500人の婦人が放射線を受けた後に出産したが、異常児、異常分娩は認められていない。——これらの発表はこの事故についての報道の印象とあまりにもかけ離れており、眉つばと思われるかもしれない。しかし、少なくともソ連領外に於ける汚染は各種報道の現象と異なり、自然放射能と大きく区別される量ではなかったようである。火力、水力に比べて原子力発電の安全性は極めて高い、と言えばチェルノブイリの事故後だけに、と取られるかもしれないが、事実は事実として吟味、理解されるべきであろう」と述べ、「即刻情報公開」の必要性が強調されている。

随分と楽観的な論説で驚いたが、本当はこれから障害がじわじわと出てくるのではないか？　10年、20年経っても体内被曝が終わらないこと、自然放射能と人工放射能の違い、環境、生態系への影響も調査せねばならない。即刻情報公開で安心せよ、と言われても、とても納得できない。

最近、西ドイツ在住の田代ヤネス和温著『チェルノブイリの雲の下で』を読んだが、事故原発から２０００キロメートルも離れた西ドイツでさえ、岸本氏の楽観論とは全くかけ離れた異常事態が進行していることを知らされ、強いショックを受けている。

私は農業をしているので、ことに農民の苦しい状況に胸の詰まる思いがする。

『チェルノブイリ後の欧州』（綿貫礼子『信濃毎日新聞』6月16日　文化欄）を読んで

筆者の綿貫氏は生化学分野の科学者で、多くの著作があり、現在はフリーの環境問題研究家です。

記事は、今年5月「放射線と健康に関する欧州会議」に出席され、原発事故によって汚染された各地を回って、ヨーロッパの女性の生の声を聞かれた報告でした。

その中で、今、ヨーロッパ各地で動物や人間にただならぬ異常が起こっていることが記されていて、放射能の怖さに身のすくむ思いがします。

会議では、コルシカ島を調査したフランスの医師が、「牛、豚などの誕生直後の死が多発し、続いて住民の異常出産が考えられないほどの頻度で起こっている」と語り、トルコの調査にあたった西ドイツの医師の報告では、二分脊椎、無脳症、水頭症等の重度の先天異常の名が飛び出して会場を緊張させた、と書かれています。

また、西ドイツの人類遺伝学研究所は、チェルノブイリ以後、西ベルリンでダウン症が多発していることを公表しており、「会場では、断片的ながら1年目に告発された内容の重みに、誰もがじっと耐えているようだった」と記されています。

各地で会われた原発反対運動に活躍する女性たちも、「チェルノブイリ」を語る時、言葉が涙で途切れることがしばしばあったそうです。それは、多くの死、誕生前の子どもの死の意味を語り合ったから――だと。

旅の報告は、もっと明るい結び方でありたいが――、と希望されつつも、最後に記されているのは「ポーランドでは毎年70万人誕生するはずの新生児が、去年は20万人に減少した」というポーランド・クラクフ大学のアレキサンダー・クバイニ博士の言葉でした。綿貫氏自身「信じられないことだが。――私たち一人ひとりが『チェルノブイリ』に重ねてその理由を問わねばならない時が来ているというのであろうか」と苦渋に満ちた調子でこの報告は結ばれています。

『チェルノブイリの雲の下で』を読み、綿貫氏の報告を読んで、私はほとんど打ちのめされています。ことに子どもたちの言葉は涙なしには読めませんでした。けれど事故後、子どもを産まないと宣言した女性たちに対して「私の、そしてたくさんの小さな生命たちには、将来大きな課題が待ち受けている。あなた方の意識的に産もうとしなかった子どもたちが、彼らといっしょにたたかえないのは残念だ」という新聞の投稿は、また新たな衝撃でした。

折しも、日本の原子力委員会は「日本は原子力開発利用の牽引車になるべきだ」と原子力開発長期計画の中で強調しました。（６月23日『毎日新聞』）日本に住む私たちの課題も、ヨーロッパの人々に劣らず大きいことを自覚せずにはいられません。

チェルノブイリ、そして私たちは今……

広瀬　隆

＊87年7月26日

関西消費者連盟発行『草の根だより』６月号掲載の広瀬隆氏の講演記録は「原発は怖い」と言い続けている私たちにとっても非常にショッキングなものでした。一人でも多くの方に読んでいただきたいと思い、ご了解を得て転載いたします。広瀬氏は各地に招かれて大変ご多忙とのことですが、私たちもお話を聞く機会を得たいと願っています（坂田）。

某日、夫が突然言うのです。「紙パック入りの水を買いだめしといて」「はあ……なんで？」彼によれば、敦賀の原発が爆発でもしたら、即、私の実家のある高知へ親子で行くこと。水はその間の延命用だそうです。

「原発、怖い」と思ってはいても、生来のんき気な私のこと、まさかそこまでは、とたかをくくっていました。
しかし6月19日、郵政会館の一室でルポライターの広瀬隆さん（『東京に原発を！』『ジョン・ウェインはなぜ死んだか』等の著者）の迫力に圧倒されっぱなしで2時間余を過ごした今となっては、頭の中は「原発」の二文字でいっぱい。以下、講演をまとめてみました（いしぐろ）。

今日、食べて大丈夫なもの⁉

昨年（1986年）4月に起こったチェルノブイリ原発の事故。日本ではもう知らされていないが、ヨーロッパでは静かなパニックが続いている。この大がかりな生体実験から誰も逃れることはできないにせよ、自分たちの置かれている状況を知り、恐らくこの先全世界で相次ぐであろう事故に備えて先のことをしっかり考えなくてはならない。

ソ連政府は被害を隠そうと必死なので、公表する内容を信じてはいけない。また学者の出す予想死亡数も信じてはいけない。死の灰は放射線を出す限り、生物を殺し続けられるのだから。地球全土に撒かれた死の灰は、空気や水や食べ物から私たちの体内に入り込み、これからいろいろな形で被害を及ぼしていくだろう。

例えばビキニでは甲状腺の障害が知らされるようになったのは、核実験から9年後であり、ネバダでは30年たって被害が明るみに出されたのである。死の灰は遺伝子を傷つけ、そして子どもたちは死の灰を骨や筋肉等に取り込んで成長する。症状は癌や白血病だけではない。ヨウ素やプルトニウムが卵巣に濃縮するため、流産や先天異常も多発する。

アメリカの一都市、セントジョージ。ここはネバダから220キロメートル離れているにもかかわらず、全米で最大の被害を出している。ダウン症児が増え、あらゆる種類の癌が人命を奪っている。しかし住民のおこした裁判は、今年控訴審で敗訴した。判決は因果関係を認めた上で、政府に責任はないとしたのだ。

チェルノブイリで出た死の灰は、過去のすべての核実験で出たものと同量だと見られている。被害をもみ消そうとしているのはソ連当局だけではない。作物が売れなくなると困るので、他国も同様である。よく「ヨーロッパへ旅行したけど何でもないですよ」と知らない人は言うが、実は今の方が危ない。事故直後は汚染物を処理したが、今は全くの野放しだ。汚染された畑に種を蒔かざるを得ないのだ。

日本だって安心してはいられない。食べ物は輸入されているし、むしろ無関心な分、危険かもしれない。

知人から東欧の状況を聞いて驚いた。皆知らないで汚染食物を平気で食べている。おまけにソ連から突然食べ物が送ってこられたとも聞いた。北欧ではラップランドの人々の大切な食料であるトナカイの汚染に苦しめられている。ノルウェー政府は昨年11月、トナカイの汚染基準（食用にして良いかどうかの基準）を10倍に引き上げたそうだ。目前の餓死か、いずれ来る汚染死か……、今はそれしか方法はないのだ。同じ北欧のスウェーデンでは、チェルノブイリから１２０キロメートル離れた場所の農夫からセシウム等が検出されている。オーストリアでは放射能のマーク付きで「今日食べても大丈夫なもの」（汚染度の低いもの）を知らせるコーナーが新聞に設けられている。

今ヨーロッパではベクレルという単位で汚染度を表すのが普通だが、１万ピコキュリー＝３７０ベクレルとなる。西ドイツは食べ物１キログラムにつき19ベクレル以上汚染されたものを子どもに食べさせるな、ということになっている。２月には無脳症やダウン症などの先天異常児の増加が発表された。トルコは汚染もひどい上、無関税の貿易天国なので、トルコから来たものの汚染度は高い。ローマでは汚染された乳製品を第三世界へ輸出しようという生産者たちの提案が記事になっている。

肝心のソ連では事故後の作物はすべて収穫を終えた。現地ウクライナの地を始め、のきなみ豊作だったという。ところがその後食糧不足による騒ぎがおこり、10年ぶりでパンが値上げされた。大量な穀物が買いつけられたとも聞いている。けれどソ連（他の国も同じだが）の収穫物が捨てられたという事実はない。

いったい汚染された作物はどこへ姿を消したのか？

消えたのは作物だけではない

私たちはソ連でこの事故の死亡者は31人と知らされている。この人々は医者とか消防士とか、いわば隠しおおせない当局側の人たちだ。その背後に、実は何十万の人々が消えているのだ。

事故直後、十万単位の人々が街を脱出して、ソ連全土に散らばった。ある街では市民の半数が脱毛したと伝えられている。常識的に判断して、それらのうち膨大な数の人々はすでに亡くなっているだろう。死の灰の量から見て、そうとしか考えられない。その遺体はどうやって処理されるのか、私は注目していた。すると事故後、当局が急に様々な大きな事故を発表するようになったことに気付いた。

たとえば原潜の沈没、子どもが多数乗っていた船の火災、ウクライナでの列車の衝突事故、飛行機の墜落、ウクライナでの2回の炭坑大爆発、偽ウォッカ事件による大量死……。

原発事故の処理に当たったのが、何も知らずに北欧から連れて来られたエストニア人と炭坑夫だったのを思い起こす時、この度重なる炭坑事故には暗い気分にさせられる。

私がこれまで述べてきた外国のニュースは、いずれも外電で日本のマスコミにも伝えられたことなのに、私たちの目には一切ふれず、事故は忘れ去られようとしている。世界中で一番報道管制のひどいのがソ連、そしてフランス、日本である。

９月にはフィリピンがオランダ製粉ミルクの販売を禁止した。11月にはタイでオランダ、デンマーク製粉ミルクがひっかかった。日本では全部輸入しているものばかりだ。日本では生の牛乳の輸入は禁止されている。そこで成分に分離されたものが輸入されて、大手メーカーにより牛乳に戻して販売されている。

それは全量の43パーセントを占めている。私は学習会などで北海道へ行くと、農民に涙ながらに訴えられる。「私たちは世界一きれいな牛乳を、生産調整の名のもとに捨てなければいけないんだ」と。「開拓民として30数年必死になって働いたあげくが生産調整であり、そして幌延の廃棄物だったんですか」とお母さんたちがポロポロと涙を流す。

日本も断崖絶壁に立たされている

バンコクのお母さんたちはパニック状態というのに、日本にはそれらの物がノーチェックで入っており、去年、一昨年と比べて驚くほどたくさんの小麦製品が入ってきている。私の娘はスパゲティが好きだが、このスパゲティをフライパンで炒めて出る煙というのは、放射線防護条例のマークを付けなければならないような状態のものなのだ。

スパゲティ、及び小麦製品だけではない。われわれはもう選べない状況に追い込まれている。

私は、近い将来日本でも事故が起きると確信している。あのソ連は「わが国はついに全世界に、わが国の原発の安全性を実証した」と豪語した翌年に、チェルノブイリの大爆発を起こした。日本も今、断崖絶壁に立たされている。なのに何故、国民の大多数は大丈夫だと安心していられるのだろう。それは日本のマスコミが電力会社、原子力産業に牛耳られているからに他ならない。

もっと怖いのは、旧軍関係の人間がいずれもこれらの黒幕と婚姻関係を結んでいるという事実だ。あの馬鹿げた戦争にわれわれの親世代を巻き込んだ連中が、今度はもっと怖い原子力というオモチャを動かしているという事実を知ってほしい。このままボーっと見ていると、間違いなくわれわれは殺されるだろう。一人ひとりが何らかの形で行動を起こそう。まわりを見ることはない。人数を数えるような運動をすることもない。そんな運動はむしろ「何かをやったような気分」だけをふくらませて、一方でどんどん原子力発電所が増えてゆくという状況を助けてきたのではないだろうか。

むしろ今まで何もなかったと思って、孤独になって、どんな人でもつかまえて話をしよう。そんな真剣さが今、必要なのだ。

『まだ、まにあうのなら』——母の祈り

＊87年12月22日

一人の母親からの手紙

平和利用などと言われて進められてきた原発の恐るべき実態に触れ、夜の目も眠れない思いをした者の一人として、ことにお母さん方には読んでいただきたいと思います。

チェルノブイリ原発事故が起こってから一年たった今年（１９８７年）の五月、事故の影響や今後の問題がますます深刻化していく中、編集部に一通の長い手紙が届きました。

筆者の甘蔗珠恵子《かんしゃたえこ》さんは、福岡に住む二人の子どもの母親です。そして一年前までは〝原発《ゲンパツ》〟が原子力発電所の略称であることすら知らなかった、ごくふつうの家庭の主婦

でした。

その彼女がある日、ふとした機会にルポライターの広瀬隆さんの講演で原発の恐ろしさを聴き、大きな衝撃を受けました。この時以来彼女は、機会あるごとに原発に関する講演会や集まりに出席し、折あるごとに関係書を読みあさったのです。そしていたたまれない気持ちで自分の知ったことを書きました。

もとよりこれは個人宛の手紙ですが、編集部としてはどうしてもこれを多くの人に読んでもらわずにはいられない気持ちになり、彼女が逡巡するのを励まして小冊子にしました。

これは、活動とか運動などの経験もなければ、その術も知らない一人の母親が、思いあまって知人にあてて書いた手紙です――。


（『湧』地湧社発行より）

『まだ、まにあうのなら』を読んで

「ひとたび事故が起これば、チェルノブイリに見る通り、放射能は国境など関係ありません。――数年、数十年の間にはヨーロッパ、ソ連では、ものすごい数の人がガンになって亡くなるだろうと専門家は見ています。長崎、広島と同じ、今や生体実験です。その被害者の大部分は放射能の影響を受けやすい赤ちゃん、幼児、こども達だろうことはまちがいないようです。何と悲しいことではありませんか。今からすくすく育つべき子ども達が、こんな愚かなことの犠牲にならねばならないなんて――」

甘蔗珠恵子著『まだ、まにあうのなら・私の書いたいちばん長い手紙』（1987年発行）発行：地湧社

これは甘蔗さんという一女性の書いた『まだ、まにあうのなら――私の書いたいちばん長い手紙――』（地湧社）の中の一文です。私はこの手紙を読んで、筆者が単に自分の子に幸せになってほしい――という枠を越えて、世界中、そして未来にわたって生まれてくる命に対して心から愛情を注ぎ、それらを苦しめる原発をなんとかして停めねばならないと、必死の思いで訴えていることに深い感動を覚えました。

私を含めほとんどの人が日々の生活の忙しさの中で、ともすれば視野、関心が身近なことにのみ終始してしまう中で、彼女のような存在はとても貴重なことに思えたのです。是非、この本を皆さんにも読んでいただきたいと思います。

少し以前から私も原発に関心を持って本を読んだり、考えたりしてきましたが、この本を読んだ機会に、日頃の思いを書いてみることにします。

〝原発反対〟は、なぜ受け入れられないのか？

チェルノブイリであのような恐ろしい原発事故が起こった後でも、日本ではヨーロッパほど原発反対運動が盛り上がらなかったし、この須坂でも残念ながら講演会、映画会などで会場が人で溢れるというわけにはいきませんでした。いったいどうしてなのか？　私たち反対運動は、どのようにして現状を変える事ができるのでしょうか？　反対運動のネックになっていると思われる事柄を幾つか挙げてみたいと思います。

一つには、人々が実際に自分の身に降りかかった事でなければ関心を持たないし、危機感もわからない、ということがあると思います。別の言い方をすれば、大きな理想を掲げることよりも、自分の身近な幸せや利益を追い求めるという風潮がはびこっているのではないでしょうか？

その背景には、歴史的にも学生運動、労働運動が後退を余儀なくされ、人々の間に「結局なにをやってもダメなのだ」というニヒリズムが広がっている事があげられるかもしれません。私たちは自分たち一人ひとりの中にあるニヒリズムに立ち向かうことなしに、何かをなすことはできません。

二つには、チェルノブイリ原発事故の後で、日本の原発推進派が慌てて、あの事故はソ連の原発に欠陥があったから起きたのであって、日本の原発は型が違うから安全だ、と盛んに弁明したけれど、それでホッとしてしまった人が沢山いるのではないでしょうか？

しかし8年前、アメリカのスリーマイル島で原発事故が起こった時、ソ連は「あれはアメリカの原発がお粗末だったから事故を起こしたのだ。ソ連の原発は安全だ」と公言していたそうです。ところが大事故――しかも最悪のメルトダウンが起きてしまった！　誰が日本の原発だけは大丈夫と保証できるのか？　日本でも小さい事故はしょっちゅう起きていて、それらはなるべく隠そうとされる。日本の各原発の故障状況・老朽化・無理な運転を知っている人たちは、次は必ず日本で大事故が起こる、と言っているのです。

日本の原発の安全神話の虚構性を今こそ一人ひとりが見抜かなければならないと思います。

三つには、原発を停めれば、電力が不足して生活に支障をきたす、と考えている人が多いからではないでしょうか？　でも、実際には真夏のピーク時でさえも電力は40パーセント余っているそうです。さらに、原発を今すぐ全部停めてもなお、17パーセントも余るそうです（この夏、東京で大停電になったのは、電力が足りなくなったのではなく、急激に伸びた需要に送電システムがうまく対応できなかったからなのです）。

でも、将来石油が無くなって、火力発電ができなくなったら、代わりに原発に頼るしかないのでは？　と考える人がいるかと思います。しかし原発を動かすためには、ウラン鉱石の採掘から始まって死の灰を処理するに至るまで、膨大な石油が必要なのです。ですから石油が無くなれば同時に原発に象徴される核にまで依存する浪費型の生活を見直し、これ以上環境を破壊しない範囲のエネルギーで暮らしてゆく事を考えなくてはならないと思います。

四つ目としては、原発推進側に対する、ある種の信頼感があるのではないでしょうか？「彼らも同じ日本に住んでいるのだし、事故が起きれば自分たちも被害者になるのだから、本当に危険なものならやらないはずだ」と言うように——。しかし、資本家というものは、危険であるかどうかで行動するものではありません。あくまで利潤追求のために行動しているのです。電気事業法という法律によって、火力発電の3倍ものコストを掛けて原発を造っても、湯水のようにお金を使えば使うほど電力産業は儲かる、という変な仕組みになっているのです。

彼らは、たとえ日本でかなりの規模の事故が起こったとしても、隠しおおせるなら隠そうとするでしょう。その時には自分たちだけどこか安全な所に逃げ出すかもしれません。

以上のような事を、私はまだ原発も必要だとお考えの方々に訴え、共に考えてほしいと思うのです。ご意見、ご感想があったら是非、聞かせてください。

＊　＊　＊　＊　＊　＊

放射能というのは、一旦作り出されてしまったら、半永久的に無くならないものもあります。そしてじわじわと人類や他の生物もむしばんでゆくのです。

「私は今年、子どもを産んでとても嬉しかったけれど、同時にとても不安でした。その子の未来を考えると、いったい世の中どうなってゆくのやら、と不安になります。だから、今なんとかしなければ！　今原発を停めなければ、今度は日本で事故が起きてしまう。その予感が的中しないことを祈らずにはいられません。でも祈るだけではなんにもなりませんよね。行動しなくては。私は『三無主義』とか『六無主義』とか言われた無気力、無関心の世代です。でも、その自分を乗り越えて、少しずつでも行動していかなくては、と痛切に思うのです」

福岡県の主婦甘蔗さんの長い手紙『まだ、まにあうのなら』を読んで感動し、私の反原発の思いを書いてみました。

この本の最後に「追伸」として添えられていた一文をそのままご紹介します。

〈追伸〉

原子力発電の問題を知って以来、もういてもたってもいられなくなり、友人達に書いた手紙が先々で広がっていき、とうとうこんな形になりました。

この手紙の中の、チェルノブイリ事故とその影響、及び原子力発電に関する資料や問題点は、高木仁三郎氏と広瀬隆氏のご著書、そしてお聴きした講演の内容によるものです。

小冊子にするという話が出ました折に、この手紙をおふた方にお送りいたしまして、読んでくださいますようお願いいたしました。そしてまちがっているところがありましたら、どうか教えてくださいとお願いの手紙をさしあげました。おふたりとも超過密スケジュールをこなしていらっしゃる方達です。こんな一介の主婦の手紙など無視されるかもしれないと、半ばあきらめてもおりました。ところがおふたりともこの手紙を読んでくださいましたうえ、御親切にいろいろ御教示もくださいました。そして「甘蔗さんのなさっていることは大変大きな意味のあることだと思います。ぜひこの先につなげてくださいますよう……」とお励ましまでいただきました。おふた方には本当に心より感謝いたします。

この手紙の中の資料等は、おふたりが調べあげてこられた事柄を、私なりに理解して伝えさせていただいたものです。ですから表現方法など、おふたりの意にそわないところもままあるかとも思います。ただひたすらに、一人でも多くの人にこのことを伝えたいと、書き綴りました。引用させていただいた本は、次のものです。皆さまにもぜひ読んでいただきたいと思います。

『チェルノブイリ――最後の警告』高木仁三郎著（七つ森書館）
『食卓にあがった死の灰――チェルノブイリ事故による食品汚染』高木仁三郎・萩原絹代著（原子力資料情報室）
『危険な話――チェルノブイリと日本の運命』広瀬隆著（八月書館）
『東京に原発を！』広瀬隆著（集英社）
【（株）地湧社《ぢゆう》】〒101―0036 東京都千代田区神田北乗物町16 http://www.jiyusha.co.jp/
TEL 03（3258）1251 FAX 03（3258）7564

＊87年12月22日

原発なんかいらない！――甘蔗珠恵子

『まだ、まにあうのなら』の筆者甘蔗珠恵子さんからの緊急の手紙を、是非、多くの方に読んでいただきたく、ご紹介いたします。

＊　＊　＊　＊

チェルノブイリ前夜の日本

大袈裟でも抽象でもありません。みんながそんなことなど露ほども考えず、いつもの毎日の暮らしを平凡に続けている中、今まさに日本がチェルノブイリになろうとする具体的出来事が起きています。

四国、愛媛県にある伊方原子力発電所で日本で初めての出力低下調整実験が行われているのです。この一見、私たちとまったく無関係のような実験が、実は世界中を巻き込む大惨事を招いた、あのソ連（現ロシア）チェルノブイリ原発大事故の原因と同じものなのです。

この実験はあまりにも危険なため、今までフランスとソ連でしか行っていません。そしてソ連は失敗してあの大事故を起こしました。日本の4倍も原子炉のあるアメリカでさえ、あの科学技術を誇っているアメリカでさえやっていません。

今までその手の実験で失敗がなかったのならともかく、チェルノブイリという前例、苦い教訓があるにもかかわらず、よりによってこの日本で、あのチェルノブイリという世界最悪の大事故、人々を殺し、土も水も草も、みんな一瞬にして放射能に汚染され、平凡に暮らしていた人々の生活を奪い、その膨大な被害はいまだ収拾がつかず、放射能は消えるどころか濃縮され、食べ物として人々の口に入り、ヨーロッパのみならず日本を含む他の国にも輸入食品として汚染食品がばらまかれ、ただいま私たちの食卓にも上がっているという生体実験もどきの、実に深刻な耐え難い事態に直面しているというのに……。

何ということでしょう。この日本で、その大事故の原因となった実験をやるというのですから。

今度は全アジアを汚染しようというのでしょうか。しかも、それはひそかに既に行われていました。

ああ、私たちは祝福しようではありませんか。今日、まだいのちがあったことを、その実験で大事が起きなかった奇跡を。

10月19日から3日間、それは誰にも知らされずに行われました。そうなのです。日本で初めてだというのに、このような恐ろしい殺人的実験がノーチェックで、無許可でできるのです。その必要はないのです。電力会社が勝手にやっていいのです。そして、勝手にやりました。

もう一度祝福しましょう。今日いのちあることを。

「実験は成功しました。自信があります」と、関係者はケロリとおっしゃいました。通産局（現経済産業省）の人は「どこが危険なのですか？」と聞き返しました。どこが危険？　あなたはこの人を人間だと思いますか。この人の感性は宙に浮いています。いのちある人間、ということを忘れ去っています。ですから、来年2月に再度実験をします。もちろん前回よりもっと危険な条件下での実験です。

運転中に短時間に出力を50パーセントに落とします。

来年2月、肝に銘じて下さい。失敗すればチェルノブイリ、仮に成功すれば、次のまた、より危険な条件下での実験を続けてゆくでしょう。チェルノブイリのような大事故を起こすまで実験する、というのでしょうか。電力会社はこの低出力調整運転の原子炉を、日本中にこれからつくってゆく計画なのです。そうなったら毎日がチェルノブイリです。悪夢の日々です。

チェルノブイリの大事故で、私たちは知ったではありませんか。原子力発電を推進していた人たちが言っていた「あり得ない、起こり得ないはずの事故」が起こったことを……。

これをもし人間が繰り返すならば、愚かと言うより他になんと表現したらよいのでしょう。こんな大事故の二つも三つも起こって世界中で食べ物の取り合いで争いあい、殺し合うようなな目にあわなければ止められない、というのでしょうか。

そんなにしてまで何故こんな危険な実験をするのか。

原子力発電が増えすぎたためです。炭坑をつぶし、火力発電を止めてまで原発をどんどん増やしてゆくために、原子力発電では技術的、構造的に絶対できないといっていた出力調整をしなければならなくなったからです。つまり、一日の中でも電力需要は変動しますよね。その変動部分は短時間に出力を調整しなければなりません。原発はそれができない、と言われてきたのです。

動き始めたら100パーセントフル稼働で無駄遣いしなければならない講造なのです。出力を低下調整するこ術的にも無理で、大変危険なのです。それで変動しない部分を原発がまかない、変動部分を火力、水力の変動可能な電力で調整していたのです。それを急にコロッと調整できるんだ、と言い始めての実験なのです。いえ、無理でも何でもせねば、これ以上原発を増やすのであれば、当然調整能力を原発に求めねばなりません。要するに、需要の少ない時に出力を低下させて、経済効率を図ろうということなのです。企業が経済効率を考えるのは当然だ、といわれるでしょう。ですけど、ここで考えてみて下さい。

電力会社は一企業に過ぎません。その一企業の経営のためになぜ私たち、それも日本中の人々の生命が脅かされ、財産、生活を一瞬にして失くすような、そんな賭をする必要があるのでしょうか。そんな綱渡り的実験になぜ私たちの全生活を賭けねばならないのでしょうか。他にそんな企業がありますか？　私たちの生命や生活を無にしてしまうような、そんな実験ができるような企業がありますか？　誰が許しますかそんなこと。

なぜ電力会社はこんなこと、無許可で平然とやれるのでしょう。私たちの生命が脅かされ、生活が一瞬にして無くなるなんて……大袈裟なと思う人は、れっきとした科学技術省（現科学技術庁）が出し、原子力を実際に動かしている日本原子力産業会議が取りまとめた秘密報告書（の内容）を聞いて下さい。通産省（現経済産業省）を動かして生命保険会社が出させた、というものです。

「大型原子炉の事故の理論的可能性及び公衆損害に関する試算」とあります。つまり大事故は起こり得るのか、起これればわれわれ一般の人間にどれほど被害が出るのか、という表題です。

この報告書によると、茨城県・東海村で原発事故が起きた場合、北海道から九州まで日本全土の農業が消滅し、一瞬にして食べるものが無くなります。全土汚染です。被害はソ連、台湾、中国まで及びます。しかしこれは何と、チェルノブイリ事故の100分の1の規模の話です。チェルノブイリの100分の1で、もう日本はおしまいなのです。

そしてこの報告書は最後に、「しかし、果たして大型原子炉は公衆災害をもたらす可能性が〝絶対的〟に無いと言えるのであろうか」と結んでいます。

だけど私たち国民には、こんなものを知らせるとパニックになるからといって教えません。安全だ安全だ、絶対事故は起こり得ない、と言ってくれています。だけど考えてみてください。なぜこうもＰＲには安全だ安全だ、とものすごく安全性を強調するのでしょう。裏返せば、誰の目にも、あまりにも危険が明らかだからではないでしょうか。

私は非科学的だと言われようが、何と言われようが、肌感覚で危険を感じます。動物は理屈でなく身体で危険を感じるものだったはずです。

私たちは大事故が起きてパニックになるよりも、起きる前にパニックになろうではありませんか。こういう現実が進行していてパニックにならない方が不気味というものです。大事故がいま起きたら、私は子どもたちを抱きしめて半狂乱になるしか他に何ができるというのです。

何としてもチェルノブイリの二の舞は避けねばなりません。今、直面している伊方の低出力調整実験は止めさせねばなりません。

でも、私に何ができる……？　と思っているあなた、戦中戦後、食料が無かったとき、人々は家の中にじっとして餓死するのを待っていたでしょうか。子どもを背負い、せめてこの子にだけは何か食べるものを……と必死に外に出て探しまわったはずです。

今、目の前に一瞬にして食べ物が無くなるかもしれぬ状況がある時、今までの生活がすべて無に帰してしまうかもしれぬ状況がある時、あなたはじっとしてその状況を待つのでしょうか。

それでもし、その状況が起きた時、あなたは後悔しないでしょうか。自分の幼い子どもたちを見て、悔やみ、狂わないでしょうか。

これは天災ではないのです。まったくの人災なのです。どこに諦める理由がありましょう。止めることができるのです。私たちの手で。

止めることができるのです。私たちの手で。

日本はまだ民主国家です。

フィンランドの女性は「原発を止めないと、子どもを産まない」、と抗議デモをしました。スウェーデンでは2010年までに原子力発電所の全廃を決定しました。オーストリアでは、初めて建てた原発を一度も運転させないまま解体しました。エジプトでは原発を建設する計画をしていたのですがやめました。スイスも40年以内に原発を全廃します。つい最近、イタリアは今後原発を建設しないことを国民投票で決定しました。みんなの意志がやめさせたのです。勇気が湧いてくるではありませんか。

原子力発電に逆らうなんてこわい、と思っているあなた、あなたは少数派だと思っていませんか。今や日本でも原子力発電に反対だと思っている人は70パーセントにもなっているのです。推進している人は実は少数派なのです。

でも、大新聞の社説などで、チェルノブイリ大事故にもかかわらず、日本では見直す必要がない、と公然と言ってのけて、なおも原発を推進してゆく力になぜかマスコミは乗って、エネルギー問題の事を考えると原子力に頼らざるを得ないようなことを書くから、私たちはそれが事実で、大勢の意見なのだろうと思ってしまっているのです。

〝長いものには巻かれろ〟〝お上にたてつくな〟これが私たちの習い性でした。

事ここにおよんでは、もう長いものだろうと巻かれているわけにはゆきません。お上だろうと、おかしいものはおかしいと言いたいと思います。

そうだ、エネルギー危機はどうする？　どっちみち石油は後30年と言われている。だからそれに代わるエネルギー源として原子力発電が必要じゃないのか……。少し危険でも、何でも危険はつきものさ、エネルギーが無くなったらそれこそ大変だ、どうして生活する、とおっしゃるあなた、どうか『石油と原子力に未来はあるか（現在はリニューアル版・『石油と原子力に未来はなかった』）槌田敦著（亜紀書房）を読んでください。そんなあなたに十分納得がいくように説明されているはずです。意外にも原子力発電が石油の代替エネルギーになどなり得ないことを検証してあります。

どうぞ読まれて、それからその言葉をおっしゃって下さい。お願いします。理科学研究所の槌田敦さんは「原子力は今や科学技術でもなんでもない、ただの魔ものだ」とおっしゃっています。人間のつくった魔ものです。魔ものをこれ以上暴れさせてはなりません。

みんなで止めればこわくない、のです。

私たちの仲間は70パーセントもいるのです。みんな少し臆病なだけなのです。私は一企業の儲けのための実験くらいのことに私の生命とこの生活すべてを賭けたくはありません。

誰にそんな権利があるのです？　なぜ私たちは怒らないのです？　ちっぽけなことにはいつも怒っているのに。

何をしたらいいのか、何ができるのか、まわりの人と今すぐ話し合ってください。知恵を出し合いましょう。

伊方原発の実験をみんなの力で止めようではありませんか。勇気を出して声に出そうではありませんか。

ジャーナリストと呼ばれる人たち、ペンを持って下さい。

原子炉の危険を実はよく知っている、良識ある科学者、技術者の皆さん、黙っていないで下さい。

知識人と言われる人たち、応えて下さい。小さい守りをすてて、大きい守りを守りましょう。

あらゆる職業の方々へ。

この声が聞こえますか？　いのちの叫びです。みんな、みんなの共通部分、いのちの叫びです。

中学生、高校生、大学生さん、無気力、無関心、無感動なんてやっていられませんよ。あなたたち、若い人たちのパワーがほしい。

お年寄りのみなさん、あなたたちには経験に基づく知恵があります。強靱な精神力がありますよ。ゲートボールより面白く、やりがいがあると思いませんか。そんなあなたを誰がのけものなどにしましょう。

そして母親たちよ、私たちは何の力もないけれど、傍らで自分の未来に何の不安も抱かず、無邪気に笑っている子どもの姿を見たとき、諦めるに諦めきれません。たとえ他の誰もが黙っていても、私たち母親だけは手をつなぎ、はっきりと「原発なんかいらない！」と言いましょう。

差し迫った伊方原発の実験を止めさせるため、やれる事は何でもやりましょう。諦められるものですか。

署名も集めましょう。伊方原発をとり囲みましょう。この手紙をバラまきましょう。伊方原発にジャンジャン抗議の電話をしましょう。四国電力にもどんどん電話し、葉書も出しましょう。みんなで集中的にしましょう。

各新聞に抗議や質問の電話、葉書をどしどし出しましょう。この実験の事を取り上げないではいられなくしましょう。良識ある新聞記者さんたちを奮い立たせましょう。

私たちの生命、全生活がかかっています。電話代くらい安いものです。

みんなで本当にやれる事を真剣にやりましょう。最後のお正月にならないためにも……。

「目の前に問題がある時、それに無関心である人間が最も卑怯だ。時にはどちらともつかない中立的立場というものが、無関心と同じ意味を持つことがある」（ジャン＝ポール・サルトル）

原子力と人類とは共存できない。これは今や人類の常識です。

〝生きるとは競争ではなく、分かち合うことなのです〟

もうじっとしていられない母親のひとり　甘蔗珠恵子

1987年12月4日

＊『須坂新聞』（毎週土曜日発行）96年7月6日〜8月31日（4回連載）

第5章 ● 聞いてください

再び、子どもたちのために……

原子力政策円卓会議——物言えない未来の子どもたちにかわって

原子力政策円卓会議へ

5月17日、東京で科学技術庁（現文部科学省）主催の「第2回原子力政策円卓会議」が開かれた。これは昨年（1995年）12月8日、敦賀市にある高速増殖炉「もんじゅ」で起こったナトリウム火災事故の重大性に加えて一連の事故隠しが明らかになる中で、急速に高まった国民の原子力政策に対する不信・不安に対応するため、急きょ設定されたらしく、ことに福井・福島・新潟三県知事の「原子力政策の見直しを求める申し入れ」に対応する必要に迫られたものと思われる。

ともあれ、会議に出席の要請があった時は驚いたが、迷った揚げ句、日ごろの思いを公の場で発言する機会と覚悟を決めて出席の返事をしたところ、参考書類や出席者名簿が次々に送られてきた。私以外は副知事や市長、学者、ジャーナリストなど有名人ばかり。江崎玲於奈氏（筑波大学長）の名前もあった。

何で私が呼ばれたのか後で聞くと、第１回の参加者から、次は原発反対の一般市民、できれば女性を加えては、と提案があったとか。たまたま他に都合のつく人がなく、また昨年長野市で科技庁との対話集会をしたことも影響したのかも知れない。

出席の返事をしたのが５月10日、それからは当日の７分間の持ち時間をどう有効に使うか、頭の痛い毎日だった。

17日は列車の中でも原稿を推敲しながら早めに会場の富国生命ビルに着き、並み居るお歴々の間に設けられた席に着いた時は案外落ち着いていた（イザとなると何とかなるもののようだ）。

冒頭に中川科学技術庁長官が「今回のもんじゅの事故とその対応について多くの批判があり、真摯に受け止めている。国民各界各層のご意見を聞き、原子力行政に反映させたい」とあいさつされ、茅陽一氏（東大名誉教授）と西野文雄氏（埼玉大大学院政策科学研究科長）の二人の司会で、13人の発言者が７分ずつ意見を述べた。

最初は連合会長の芦田甚之助氏で、原発容認の立場ではあるが、事故の徹底的な解明と情報公開を厳しく求め、原子力安全委員会の独立性をはっきりさせるべきだ、の意見には全く同感だった。

次の今井隆吉氏（杏林大教授）は長く原子力開発にかかわってきた人で、「原子力平和利用は最初、鳴り物入りで出て、水戸に原子力羊かんの売り出しがあって……大変いいものだった……」が強く印象に残った。

筑波大助教授で市民フォーラム２００１代表の岩崎駿介氏は、地球サミットで合意された「持続可能な開発」を実現するには、国家的利益よりも地球的利益を優先させ、「日本人として生きる」よりも「地球人として生きる」事が求められる。政策決定には市民参加をと。市民参加のない原子力政策には一般市民の協力が期待できないとも。現在のプルトニウム政策はひとまず休止して自らの身体検査を早急に実施すべきだと結んだ。

東京電力常務の加納時男氏は「科学技術には光と陰があり、影の部分をコントロールしながら光の面もしっかり見たい。原子力は地球温暖化を抑えるのに役立っている。原子力を除いて環境問題を論ずるのは不十分で、アジア・太平洋を中心とする発展途上国のエネルギーに原子力リサイクル技術の確立は技術先進国日本の責務」と強調。「もんじゅの事故はプルトニウム利用の路線を変える致命的な大事故ではなかったと確信している。情報公開の不適切が技術的には大事件でないものを社会的大事件にしてしまった」と大変残念そうだった。

賢い人は他人の失敗に学ぶが……

敦賀市長・河瀬一治氏は「もんじゅ」をはじめ15基の原発を抱える自治体の長として、また全国原子力発電所所在市町村協議会（全原協）会長として次のような非常に厳しい発言をされた。

「もんじゅ設置同意を求められた時、多くの市民が安全性に不安を持ったが、国の強い協力要請で、安全は国が責任を持つといわれ同意した。事故への対応は動燃も国も極めて不十分で、国が市民に約束した安全は見事に裏切られた。全国の原発立地市町村とともに、国の対応を今後も厳しく凝視していきたい。

見通しが立たないバックエンド対策、使用済燃料のサイト内貯蔵問題、国民の理解とは程遠いプルサーマル計画等、核燃料リサイクルを中心とした国の原子力政策を、原点に立ち返り、国民から広く意見を取り入れて政策立案を図るべき。

一度、原子力災害が起きたら、地方自治体では手の打ちようがない。原子力防災は国の責任として明確に位置付けを。全国の原発所在市町村は国策に協力することで苦悩や苦しみを背負い、耐え忍んできたが、限界に来ている。なぜ国のエネルギー政策に協力した地域が肩身の狭い思いをし、地域のイメージダウンや混乱を招いたりするのか？　市民が誇りを持って安心して共存・共栄できるものにして頂きたい。原発はいいこともあったが、総括してみると大していいことはない」と、原発立地地域の苦悩が一言一言に重く深く胸に突き刺さる思いだった。

次が私の番で、時間の無駄のないよう原稿を読み上げた。

「私が原発に関心を持った原点は今から20年前、原発の危険性を肌で感じる出来事に直面した時です。以来今日まで原発のない長野の地で小さな反原発運動を続けております。

発端は英仏海峡の島に住んでいる娘からの一通の手紙でした。当時、対岸のラ・アーグ再処理工場で、日本の核燃料の再処理を引き受ける拡張工事が始まり、日仏両政府に対する反対運動と、既に周辺汚染が進んでいることが日本で報道されているのか、という内容でした。驚いて原子力発電のにわか勉強を開始。原発は到底人間の幸福とは相いれないものだと確信するようになりました。

その前年、あちらに行ってから生まれた第二子は、生まれる前から重度の障害が告げられ、私たちは言いようのない苦しみを味わいました。それが放射能の影響とは言い切れませんが、原発を進める現代社会が子どもの未来を奪っているのだと、その手紙を読んで改めて痛感しました。

私は今日この場に、生まれて間もなく死んだその子や、物言えない未来の子どもたちに代わって、これ以上地球を放射能で汚さないでくださいと発言するつもりで参りました。そして一人のキリスト者として、ことに核問題に対して発言する責任を痛感しております。

今年はチェルノブイリ原発事故から10年目ですが、被害は予想以上に深刻さを増しています。先日長野市で開いた講演会で、ウクライナの女性ジャーナリスト、Ｌ・コヴァレフスカヤさんは、〝ロシアの格言に、『賢い人は他人の失敗に学ぶが愚かな人はそれをしない』とあり、チェルノブイリを他人事と思わないで〟と。チェルノブイリの悲劇を全身で受け止めている彼女の、日本への愛をこめたメッセージでした。

軽水炉でさえ、事故を起こせばチェルノブイリのような事態が起こり得るのに、日本では欧米各国が危険性と不経済性から既に撤退した高速増殖炉を今もエネルギー政策の根幹に据えています。

2年前の臨界時に始めた〝もんじゅ〟凍結署名は5月初め、１００万人を突破し、5月14日、代表十数人が科学技術庁長官に会い、署名を提出しました。長官は〝これを重く受け止める〟と答えられたと聞いています。今日の円卓会議も〝始めに結論ありきにはしない〟と言明されたそうです。

地方自治体の〝もんじゅ凍結意見書〟は１４３自治体で可決され、長野県では県を含めて43市町村が可決して国に意見書を送りました。

もんじゅの事故隠しから情報公開の必要性が問題になっていますが、私たちにとって必要な情報公開とはまず、原子力利用のプラス面、マイナス面を新聞・テレビ等で公平に知ることができ、自分で考え、選択する材料が用意されることと思います。推進一色の政府広報は今後、費用の半分を反対意見に提供するなど具体的な情報公開の方法ではないでしょうか。

一方、８月４日、原発建設の可否を問う住民投票が行われる新潟県巻町で、資源エネルギー庁が推進のＰＲ活動を始めているのはどういう訳でしょう。〝自分たちのことは自分たちで決めよう〟というすばらしい民主主義の実験が行われようとしているのに、なぜ横やりを入れるのか。是非納得のゆくお返事を聞かせてください。そうでなければこの会議も形式的なポーズと受け取られても仕方ないと思います。

今回頂いた文書の中に〝国策としての位置付けの一層の明確化〟という個所がありますが、〝始めに結論ありき〟ではないか。批判的な意見を取り入れる余地はないように思えます。

国策の基本である「原子力基本法」が制定された40年前の、原子力がバラ色に見えた時代と現在とでは状況が全く違います。原子力のマイナス面が明らかになった今、基本法、つまり国策を見直すべきでは。ドイツでは原子力法を変えて再処理と高速増殖炉から撤退しました。次回は是非〝国策としての原子力推進は是か非か〟をテーマに公開討論会を要望して発言を終わります」

＊　＊　＊　＊　＊　＊

桜井淳氏（技術評論家）は原発の安全審査の専門家で、以前、原子力界の代表的人物のブレーンをされた。原子力政策が特定少数に動かされ、一般市民は真実を知らないと痛感。同じ世界には住めないと1年で辞められた。

▽政策決定にかかわる専門部会の審議過程や議事録の公開、▽原子力行政に広範囲の人を委員に入れる、▽プロジェクト遂行時の責任関係の明確化――を求め「原子力行政の矛盾が噴出し、根本的に見直さない限りもんじゅの運転再開は難しい」と厳しい発言だった。

茨城県副知事の人見実徳氏は「東海村には22の原子力施設があり、反対運動もあったが、国と安全協定を結び、今日まで順調だが、もんじゅの事故によって原子力政策に不信・不安が起き、誠に残念。原子力災害は地方自治体では対応が困難。国の責任で防災対策を講じて。放射性廃棄物処理問題が解決されず、保管量が増大する一方、基本的な問題に見通しがないことに県民は不安を抱いている。将来計画を早急に」と発言された。

核を扱うのは人間の分際を越えること

国際政治学者の舛添要一氏は「アジアの経済発展に伴いエネルギー需要が増大し、原発建設のラッシュであるが、日本のＯＤＡ（政府開発援助）を省エネや効果的なエネルギー需要に使う援助はできないか。経済成長にブレーキをかけないと大変。アジアでチェルノブイリのような事故が起これば、日本の国民感情からいって日本の原発は全部止めざるを得ない。

住民投票と代議制民主主義の関係をどうするのか。巻町の原発建設にしても沖縄問題にしても。知事、総理大臣の権限をどうするのか。エネルギー政策で福井県知事が、人事政策で高知県知事が異を唱える。地方の自立はだれも反対しないが、民主主義の根源的な問題の議論がなく、個々の問題で動かされれば民主主義の基礎が覆される。中央と地方の関係をもう少し真剣に考えないと、いくら原発が必要だといっても、民主主義の未成熟な現状では原子力政策はストップする」と。

後で桜井氏が「事故は必ずしも技術力が高いから起こらないものではない。もんじゅは典型的な例。一方的に他を言うより相互協力にもっと力を入れて」と釘を刺した。

長くなるので、守友裕一氏（福島大教授）、柳瀬丈子氏（フリージャーナリスト）、山路憲治氏（東大教授）の発言は別の機会に譲るが、印象に残ったのは山路憲治氏が「高レベル廃棄物を地中に埋めるべきではなく、目に見える形で保管し、監視を続けるべきだ」と言われたこと。最後の発言者の江崎玲於奈氏は「米国はあまりにも（？）民主主義が進んで原発が止まった」と言われた。

休憩を挟んで再開。原子力委員の発言の中で藤家洋一氏が私のレジュメに言及され、時間制限の中で言えなかった実は一番大切な問題「人間は核を利用できるか」について「原子力を自然との関連で捉える視点が大変大事だ。そういった点で今後の議論の場があれば」と発言された。

依田直氏（電力中央研究所理事長）は原子力利用の初めのころ、市川房枝さんを訪問して原子力問題の説明をされた折に、市川さんから「分かった、しっかりおやりなさい」と激励され「原子力を進めて行く上で一番大切なのは人間的な信頼関係」と言われた思い出を話され、「今後の日本は地球市民としてエネルギー問題を考え、後の世代までエネルギーの恩恵を享受できるよう長期の視点が求められる」と。（井原義徳氏・田畑米穂氏の両委員とモデレーターの佐和隆光氏と鳥居弘之氏の発言は紙幅の関係上省略）。

続く自由討議の中で司会者の茅陽一氏は「藤家さんの指摘は、人間の文明の中で原子力をどう考えるか。核は人間が本来コントロールできるもの、あるいはすべきものかという基本的な問い掛けです。三十数年前、父が学術会議を主宰して原子力研究の推進を主張した時、高校生だった私も見に行った。その時正にこの原理的な問い掛けをした人があったが、結局だれも答えられなかったのをよく覚えている。

つまり、いまだ明確に答え、あるいは明確な意見の一致があったものではない。しかし、非常に本質的な問題であると私も考えている」と。

藤家・茅両氏の発言に勇気を得て、最後に言い落としたレジュメの部分を追加発言することができたのは幸いだった。それは「核分裂は天体の現象であり、地球生成時の放射能が減衰したからこそ生命が存在できる。人為的に核分裂を起こして戦争やエネルギーに利用し、放射能を作り出すのは、人間の分を超えることではないか。放射能には色も味もにおいもなく、人間の五感では感知できないし、科学技術で無毒化もできない。半減期を待つ以外にないことが、核を扱うのは人間の分際を超えることの証拠だと考える」と。後から考えると、茅氏が言われたように根本的な問題の答えが出ないまま進められてきた原子力政策の矛盾が、ここに来て一気に噴き出したという感じがする。とにもかくにもひとまず大役が終わってホッとした。

再び〝聞いてください〟

＊「２・11集会」での発言。日付の記載なし

戦責告白としての反原発

みなさん。こんにちは。私は須坂教会の坂田と申します。

私は17年ほど前に、あるきっかけから原子力発電の計り知れない危険性といいますか、あらゆる命そのものと共存できない「原子力」つまり「核」の恐ろしさに気づかされました。そのきっかけと言いますのは……、何度も聞かれた方はお許し下さい。

私の長女の一家が１９７５年から英仏海峡のガンジー島というイギリス領の島に住んでおります。そこから海を隔てて50～60キロメートル東のフランスの海岸ラ・アーグに、原発の使用済核燃料を再処理する工場がありまして、１９６６年から運転されていました。再処理工場というのは、原発の３００倍もの放射能を環境に垂れ流す、世の中で最

も汚い最悪の施設ですが、そこで日本の使用済み核燃料の再処理まで引き受けることになり、拡張工事が始まったのが１９７６年、長女があちらへ行ってから約１年後のことでした。

当時フランスでも反対運動が盛り上がり、娘からその様子を手紙で知らされました。「現地では『日本の放射能まで引き受けるな』と大騒ぎになっているけれど、日本では報道されているだろうか、これまでも度々放射能汚染の噂があったが、子どものためにもここに住んでいるのが心配だ」という内容でした。

私にとって、これは青天の霹靂のようなショックでした。実はその前年に生まれた２番目の子どもは重度の障害があり、生後６時間で亡くなってしまいました。その辛い思いの消えない所へこの話を聞いたものですから、もしかしたら放射能の影響ではなかったかと考え出すと、今度は上の孫のことが心配で夜も眠れません。居ても立ってもいられず、原発関係の本を読み漁る中で「平和利用」と言われる原発が、実は原爆と本質的にはまったく同じもので、あらゆる命を損なう悪魔的な力を持っていることを知りました。

私はその数年前に、長い精神的な放浪の末教会に復帰したのですが、その直後に教団の「戦責告白」に出会い、この時も大変なショックを受けました。信仰があやふやで教会から離れてはいても、教会が間違ったことをするはずはないと、信じていましたから……。

その教会があの戦争を是認し、支持し、アジアの諸国を苦しめる側に立っていたとは！去る1月15日の北信（長野県北部）分区新年礼拝に於いても「戦責告白」が読まれ、ご一緒に確認致しましたが、あの最後の一節「教団がふたたびそのあやまちを繰り返すことなく、日本と世界に負っている使命を正しく果たすことができるように祈り求める」という言葉が、新しく信仰者として歩み出そうとしていた私を励まし、直面した原発問題に行動を起こす力になったと思います。生まれて直ぐ死んでしまった孫にも促される思いでささやかな運動の一歩を踏み出し、これまで続いて参りました。

＊　＊　＊　＊

前置きが長くなりましたが、原発の基本的問題である「原子力」つまり「核」について少しお話ししたいと思います。素人なので間違いがありましたら、その時はどうぞお許し下さい。

今年は、アメリカがマンハッタン計画で核分裂に成功してからちょうど50年目に当たります。成功と言っても、それは人類が開けてはならない「パンドラの函」を開けてしまったことを意味するのではないでしょうか。その結果として広島、長崎への原爆投下があり、果てしのない核軍拡があり、世界各地に膨大な「隠された被曝者」を生み出しながらの核実験があります。

１９５３年にアイゼンハワー大統領が「原子力の平和利用」を提唱して以来、発電用原子炉が商業ペースで生産されるようになり、現在世界で４００基あまりの原発が運転されています。日本ではその内の実に1割、40基が運転中です。

私たちは「核」と聞けば先ず「核兵器」を連想し、最近の米ソの核軍縮によって「核」の脅威は遠のいたと、どこかで安心しているのではないでしょうか。

「原発・原爆一字の違い、どちらにしても地獄行き」というキャッチフレーズがありますが、これが真実であることは、痛ましくもチェルノブイリで実証されてしまいました。

昨年は分区社会部の事業として、反原発グループ「脱原発北信濃ネットワーク」と協同でチェルノブイリの写真展や絵画展を開き、多くの方々に見て頂きましたが、あの悲惨な状況が今後も長く、深刻さを増しながら続くことを思うと胸の潰れる思いです。

原爆は核分裂の強大なエネルギーを瞬時に爆発させ、原発は無理に制御しながら徐々に使うという違いがあるだけで、人間の手に負えない「核」の危険な本質はまったく変わりません。核分裂によって生じる人工放射能の毒性は、どんな科学の力によっても消すことができず、自然の半減期を待つ以外に方法はないのです。

この事実こそが、人間が核分裂に手を付け、さらにそれを軍事やエネルギーのために思いのままに利用しようとしたことの根本的な誤りを示しているのではないでしょうか。

ともあれ、チェルノブイリ以後、世界は徐々に原発から手を引こうとする傾向にあります。ところが日本はそれに逆行してＣＯ$_2$を減らすために原発をと言い、今年フランスから返還されるプルトニウムや青森県六ヶ所村に再処理工場を造って取り出すプルトニウムを使って「高速増殖炉」を運転して核燃料サイクルを確立させる、という政策を変えようとしていません。

プルトニウムは、人為的な核分裂が作り出してしまった猛毒の核物質で、わずか１グラムが数百万人の致死量に当たり、半減期は何と２４０００年、５キログラム以上になればそれ自体が爆発する危険性があるといいます（長崎の原爆はプルトニウム爆弾でした）。

そのように恐ろしい核物質が、今年からトン単位で英仏から返されて来ます。その輪送や管理だけでも危険で大問題であるのに、国内でも六ヶ所村に再処理工場を建設し、さらにプルトニウムを取り出そうというのが日本の政策です。

そのプルトニウムを燃料とする「高速増殖炉」は、あまりにも危険な上、採算もとれないことが明らかになったため、世界中が撤退中だというのに、日本だけは政府と電力業界が一体となって遮二無二推進させようとしています。それを成功させて「核燃料サイクル」を確立させ、エネルギーの自立を目指すと言うのです。

日本の原発技術が特に優れていて、絶対事故を起こさないとでも言うのでしょうか。ちょうど1年前、福井県美浜原発で、細管破断というあと一歩でチェルノブイリ並という大事故が起こりました。その他、運転歴20年でボロボロになった原発が高浜2号機をはじめとして続出しています。現地の人々は毎日薄氷を踏む思いで暮らしておられるのですが、そのような事はほとんど報道されません。福井県では最高に危険な「高速増殖炉・もんじゅ」の試運転まで、間もなく始まろうとしています。

長野県は、中部電力の管内ですが、その中電も浜岡に3基の原発があり、さらに三重県の芦浜や、石川県の珠洲に原発を建てようと執拗に計画中です。芦浜では28年も血の出るような反対運動が続いているのに、電力会社は漁業不振につけ込んで、漁協に数十億円の預金をしたり、様々な手段で漁民を揺さぶり、今、非常な危機に立っています。今月末の漁協総会で万一、原発建設の前提条件である海洋調査を受け入れれば、次は珠洲も危ないと言われており、とても心配です。

なぜ日本ではこんなに原発を造りたがるのか、それは電気事業が民営でなく、国策として国の厚い保護の下にあり、また、それを裏付ける経済力があること、国民の9割が原発に不安を抱いていても、それを表す国民投票の制度もないこと、国民があえて反対に立ち上がらないこと、そして国のエネルギー政策の根本に、日本の核燃料サイクルを成功させ、世界のエネルギーの主導権を握ろうという意図があるからだと、言われています。もし、本当にそうだとしたら、何という思い上がりでしょうか。

第二次世界大戦の時、聖戦を唱え、〝八紘一宇〟を唱えてアジアの覇者になろうとしたのとあまりにも似ているではありませんか。「聖戦」が「平和な核エネルギー」に変わっただけです。「核」は人間の領域を越えるものであることが、これほど明らかになったにも関わらず、まことの神を恐れることを知らない日本の政治家や企業はまだ「核」を思いのままに利用しようとしています。その思い上がりが日本だけでなく世界を破滅に導くかもしれません。

原爆は戦争の最中に落とされ、瞬時にあの悲惨な結果をもたらしました。そして原発は「平和」の顔を装いながら、神が造られ「良し」と見られたこのかけがえのない地球を、果てしなく蝕み続けています。恐るべき日本のプルトニウム政策を、世界中の心ある人々が憂慮している今、日本の教会がこのことについて発言し行動しなければ、あの重い意味を持った「戦責告白」が空文になってしまうでしょう。

何年か前、教団が「原発反対」の声明を出しましたが、それに伴う真剣な行動が同時に求められていると思います。

原発がすでにできてしまった所では、反対運動が非常に困難です。長野県内には原発が無いので、私たちはまだかなり自由に言える立場です。この条件を活かして長野県から反原発運動を盛り上げて行きましょう。そして困難に直面している地域を支援しましょう。

【坂田静子・年譜】

1923年11月14日　父・畑 敏男と母・文世との間に8人きょうだいの長女として、関東大震災（9月1日）後の東京府青山に生まれる。海軍の造船技師であった父の勤務先である軍港のあった戸畑、佐世保、呉等に移り住み、父親の欧州留学中は、一時、長野県須坂市に移り住み、須坂小学校に通う。

1943年　東京の恵泉女学院を卒業後、東京女子大学国文科に進むが、健康を害し同大学を中退。

1945年　坂田良次と結婚（20歳）し、共に須坂市の坂田薬局の経営に携わる。

1976年　長女悠子、1948年次女雅子、1949年長男敬が生まれる。

1977年5月29日　この頃から反原発の運動に深く関わるようになる。

1983年2月　『聞いてください』第1号を発行。

映画『原発切抜帖』（土本典昭監督作品）の上映と松岡信夫の講演（長野市・須坂市で100名）。

3月　毎月28日に「スリーマイル原発事故を忘れない」の意味を込めて、長野市と須坂市でビラ配りを開始する。

1984年3月　館野公一フォークコンサート（長野市・須坂市・中野市）。

8月　講演「核と平和を考える会」高木仁三郎・遠藤マリア（須坂市・長野市）

11月　『山国の反原発だより　No.1』発行。

1985年7月　長野高校の生徒から、文化祭での「原発の研究発表」のことで取材を受ける。

8月　原水禁県大会で「原発には未来はない」を講演。八千穂村夏期大学で講演。

1986年4月　ソ連チェルノブイリ原発で大事故が起こる。

5月　信濃教育会の太田美明会長へ、中部電力の招待による北信小中学校教員の原発見学旅行（1985年11月実施）についての抗議文を送る（同8月、信濃教育会は、中南信の小中学校職員の原発見学旅行の中止を決定）。

6月　西尾漠氏を招き、チェルノブイリ原発事故について講演会開催。

10月　カンパを募って「原子力発電はいりません」の意見広告を『須坂新聞』に掲載。

1987年1月　『須坂新聞』（1月1日）に意見広告を掲載。

3月　須坂市議会議員、一般市民に原発についてのアンケート調査を実施。『信濃毎日新聞』（3月27日）特集「87地方選の女性たち　市民からの争点」に「長野で原子力を考える会」の活動が紹介される。

4月　チェルノブイリ原発事故1周年講演「地球はどれだけ汚れたか」三枝秀晴（須坂市）。

5月　R―DAN検知器をカンパで購入（『読売新聞』信越放送ラジオで報道）。

6月　『須坂新聞』が原発に関するアンケート実施について「百人に聞きました」で紹介される。

11月　第11回須坂市公民館研究集会でレポート「平和と人権の問題としての原子力発電」を発表。

1988年2月　四国電力伊方原発出力調整実験反対の「原発サラバ記念日全国のつどい」(高松市)に参加。

10月　広瀬隆講演会を長野市民会館で開催。900名参加。講演会実行委員会は「脱原発北信濃ネットワーク」に改名し活動を継続。

1989年2月　『須坂新聞』に「つくろうよ、脱原発法」を寄稿。

5月　『山国の反原発だより　No.38』より「脱原発北信濃ネットワーク通信」として発行。

9月　1月末より始めた「脱原発署名」が10546名に達する。

10月　長野市の「反原発パレード」へ全県から60名が参加して、中部電力へ「反原発」を申し入れる。

1990年5月　新潟県柏崎市で開催された「原発公開討論会」に参加。

7月　松岡信夫を招いて「チェルノブイリを考える集い」を開催(須坂市)。

9月　須坂教会バザーと合同で「脱原発資料館」を開く。

10月　チェルノブイリ救援募金活動の10万円を「チェルノブイリ救援・中部」へ。

1991年3月　市民エネルギー研究所長野資料室オープンし運営委員に。

8月　広河隆一写真展「チェルノブイリと核の大地」を須坂教会で開催。

1992年6月　参議院選立候補者へ「原発に関するアンケート」を実施。

1994年10月　9月　高木仁三郎講演「自然と核と人間と」須坂教会と共催。
10月　講演「原発いらない92長野県集会」松岡信夫・小山芳彦
12月　「ソフトエネルギー及び省エネ予算増額を求める署名」3万2000名を携えて江田科学技術庁長官と会う。ネットワークから7名参加。
1995年2月　講演「プルトニウムはごめんだ！　94長野県集会」久米三四郎。
9月　「もんじゅについてご意見を聞く会」へネットワークから3名参加。
12月　科学技術庁との対話集会開催（長野市ふれあい福祉センター）
1996年3月　高速増殖炉もんじゅがナトリウム漏れで火災事故を起こす。
4月　吉村清講演会「事故三ヶ月・もんじゅは今」原水禁と共催。
チェルノブイリ事故10周年　L・コヴァレフスカヤ「チェルノブイリを見つめつづける女性」
5月17日　第2回原子力政策円卓会議に一般市民として参加。
桑原正史講演「巻町の住民投票について」
7月　『須坂新聞』に「円卓会議に参加して」を寄稿（4回）。
1997年11月　「高速増殖炉懇談会報告書案に関するご意見を聞く会」に出席。
1998年4月　科学技術庁との対話集会（第2回）開催。
1998年10月19日　胆嚢癌のために死去。享年74歳。
1999年8月　遺族によって『聞いてください　反原子力発電のメッセージ』を発刊。
2011年3月11日　午後2時46分、東北地方を中心とする東日本全域をM9.0の巨大地震が襲い、福島第一原発が大爆発後、メルトダウン。放射能被害が各地に広がる……。
東日本大震災による死者1万5391人、行方不明者8171人（6月9日現在）。

坂田さんたちが使用していた放射線検知器（MODEL RD-0806）。検知器の上部には、「この検知器の不要になる日を目指して」というシールが貼られていた。

あとがきにかえて・2011

いま、母の声に耳をすまして

坂田雅子

母の予感……

あの3月11日、私は東京で2作目の映画『沈黙の春を生きて』の編集中だった。地震を感じて慌てて外に出ると、大しけの海に漂う船上にいるような大きな揺れが長く続き、近隣のビルから出て来た人々が不安な面持ちでゆらゆら揺れる電信柱を見上げていた。

その後、部屋にもどってテレビをつけると石油の備蓄基地が燃え上がり、津波が田畑や家を押しやり、その時多くの人々がそうであったように、私もただ茫然と画面に見入るばかりだった。

その日は都内に足止めになり、次の日、やっとの思いでみなかみの家にたどりついた。福島原発の深刻さが実感されはじめたのは12日か13日だったと思う。いたたまれない思いで１９９８年に母が亡くなって間もなく作った『聞いてください』を手に取った。片目でテレビニュースの画面を追いつつ読み進むなかで、13年前まで母があんなにも心配していたことがまさに現実になったということが信じがたかった。母は予見していた、と思った。

須坂のレイチェル・カーソン

製作中の映画『沈黙の春を生きて』は、50年前にベトナムに散布された枯葉剤がいまも大きな被害を及ぼしていることを扱ったドキュメンタリーである。環境運動の母といわれるレイチェル・カーソンがＤＤＴや農薬の危険性を訴えた『沈黙の春』を出版したのも50年前。『沈黙の春』がベストセラーになって世論を動かしアメリカ国内ではこれらの化学剤の使用が禁止されていく。

ところがおなじころ、ＤＤＴや農薬を製造したダウケミカル、モンサントなどが製造、販売した、同じ化学成分からなる枯葉剤の散布がベトナムでは増大していくのだ。

この一致に私は首をかしげた。

アメリカ人でベトナムに兵士として駐留していた夫グレッグ・デイビスを枯葉剤の影響と思われる肝臓ガンでなくし、その原因となった枯れ葉剤についてもっと知りたいという思いから、初めてカメラを手にし一作目のドキュメンタリー『花はどこへいった』を製作したのは2004年から2006年にかけてだった。その製作の過程で私はレイチェル・カーソンに出会い、『沈黙の春』の警告と枯葉剤の関係をいつか映画にしたいと思っていた。

私が彼女に興味をもったのはもう一つ理由がある。

それはある人が昔母のことを『須坂のレイチェル・カーソン』と呼んだことがずっと心の隅に残っていたからだ。

母の生き方、母の教え

母が環境問題に関心を深めていったのは1970年ころからだと思う。

韓国問題、靖国問題のほかに合成洗剤や農薬、ゴミ問題でいろいろ口うるさく（と私たち家族には聞こえた）いうようになってきた。彼女の場合は、本当に日々の生活に根付いた環境運動だった。

まず身近な子どもたちを説得するのが第一だと思ったのだろう。信州の冬は寒い。お皿洗いの手は凍える。都会での生活の便利さになれていた私たちは、母にせめて瞬間湯沸かし器を買おうと勧めたが「無駄だ」と拒み、合成洗剤の代わりに、泡立ちの悪い石けんを使い続けた。

やがて、この本にも書かれているきっかけで反原発に深くかかわるようになった。

当時、私は母の活動を理解していたとは言い難い。原発だって国や科学者が大勢集まって決めたことだし、危険性だってちゃんとチェックしているというし、一介の科学的知識もない主婦が太刀打ちできるような問題ではないのじゃない、と思っていたし、口にもした。後悔している。

枯れ葉剤を扱った映画をつくるようになって、初めてわたしは母がしてきたことを理解できるようになった。それは各地の上映会で市民運動などに取り組んでいる人たちとの出会いを通じてでもあった。

それまであまり政治的ではなかった私だったが、夫をなくしてから枯葉剤についていろいろ調べ、その被害が今も続いている事、ベトナムでは何百万という人が未だに健康上の問題を持っている事を知り、それ以前だったら人ごとのようにしか受けとめなかっただろうこの問題が、遠い国で起こった過去のことではなく、今の私たちの生活とも密接に繋がっているのだということに目を開けられた。そして世の中の理不尽な出来事の多くが根を同じくしているという事に気づいた。

以前はそれほど真剣に考えなかった環境問題、世界各地で起きている紛争が決して日々の私たちの生活と無関係ではないこと、そしてその他の資本の力にごり押しされて生まれでている多くの犠牲と矛盾が見えて来た。そしてある日、私は自身が母の足跡を辿っていることに気がついた。

母と夫が遺してくれたこと

母も夫のグレッグも政治や社会に対してはっきりした考えを持った人たちだった。二人はとても気があった。私の人生でもっとも大切なこの二人をなくしたことは大きな打撃だったが、今振り返ってみると二人とも私に大きなものを残してくれた。それは人と繋がることの大切さ、そしてこの、時に無意味にも見える人生の中にも大切にすべきことがあることを教えてくれたことだ。
『花はどこへいった』の中でグレッグはこう言っている。

「1968年から70年、若かった僕たちは実際に上の世代に反抗して戦っていた。今の若者は仮想の敵とゲームで戦い、政治や環境問題を見つめようとしない。本物ではなく仮想の現実に目をそらされている。今の社会のおかしさを20歳や30歳の若者に気づかせるのは難しいかもしれない。でも、みせてやろうじゃないか。仮想現実がクールだと思い込み、それを身につけて自慢するような連中に……。周囲の川や山や空気が破壊されている現実に彼らは気づいていない。でも我々が何かの軌跡を残すことで何かが変わるかもしれない。僕にはわからない」

そして、母は『聞いてください』の中でこう言っている。

「現実の原発ラッシュの前に無力感を覚えることもあります。でもまた元気を出して考えなおします。蟻だって集まれば巨象を倒すこともできるではないか、と。そうです。一人一人の力は小さくても、そこに共通した強い意志があれば歴史の流れを変えていくこともできるはずです」

悲しかったり、寂しい時に私は二人を思い出す。そして二人の遺志が私の中にも流れていることを確信して力を与えられる。

50年前、レイチェル・カーソンは以下のように警告した。

化学物質は放射能と同じ様に
不吉な物質で
世界のあり方 そして生命そのものを
変えてしまいます
今の子供達は生まれたときから
化学物質に曝されています
あるいは生まれる前から
彼らが大人になった時どうなるのか
私達は全く解っていません

こんな経験をしたことがないからです
いまのうちに化学薬品を
規制しなければ
大きな災害を引き起すことになります

私たちはそれから何を学んだのだろう？　何も？

放射能と化学薬品。それはどちらも進歩という名のもとに人間が作り出してしまい、制御できなくなってしまったものだ。フランケンシュタインのように。

50年後の世代が同じ問いを繰り返さないように、いま私たちに何ができるのだろう。母の声が聞こえて来る。

＊　＊　＊　＊　＊　＊

最後になりましたが、本書は、信越放送の野沢喜代さんが、『聞いてください』（99年版）を大切に持っていて下さり、福島原発の危機に際してオフィスエムの村石保さんに一読を勧めてくださったものです。

これを読まれた村石さんが、ぜひ復刻版の緊急出版をと提案してくださり刊行に至りました。

限られたスケジュールの中での刊行に向けて、時間と労力を惜しまず応援、協力してくださったすべての皆様に心より感謝申しあげます。

『聞いてください　脱原発への道しるべ』のメッセージが、出版に携わってくださった皆様の共通の願いとして、多くの人に届くことを願っています。

2011年6月　梅雨の晴れ間に

在りし日の母・静子

【編集の余白に】

十五歳の少女へ……

オフィスエム編集長　村石　保

「……私は将来、結婚して子どもを産みたい。でも、このまま被曝の危険性に怯えながら暮らして、結婚や出産ができるのか、今のままではその希望も持てない……」

福島第一原発事故の被災地飯舘村（福島県相馬郡）の十五歳の少女の問いかけは、謝罪に訪れた東電幹部へ向けられていたにも関わらず、

〝ぼくが真実を口にすると　ほとんど全世界を凍らせるだろう……〟
（「廃人の歌」吉本隆明『転位のための十篇』より）

という一行の詩に呼応するかのように、〝十五歳の少女の声〟は、この不条理な世界を一瞬にし

て凍らせるに充分であった。

戦後に生を受け、薄暗い裸電球からまばゆい蛍光灯の下で、明るいナショナルに育まれ、三種の神器（テレビ・冷蔵庫・洗濯機）を奉り、新幹線、高速道路、そして、高度経済成長の象徴とでもいうべき民族の祭典・東京オリンピック（1964年）を全身で謳歌してきた……。

わたしたち20世紀の〝昭和の子〟は、スリーマイルもチェルノブイリ原発事故も経験していた。それでも原子力エネルギーを欲しいままに享受し、かつ浪費してきた。とりわけ、わたし自身は、チェルノブイリ事故被災地の医療支援団体の末席に名前（だけ）を連ねてもいたが、それは何ら本質的な行為にはなり得なかった。

世界の原子力政策の趨勢に任せ、政治的コミットメントから、ほどよく離れたところで対岸の原発を尻目にしてきた。非政治的であることを隠れ蓑に、わたしは、この〝原発の時代〟を不作為に生きてきた張本人でもあった。それは、ヒロシマ・ナガサキの被爆者に対する不作為と何ら変わることはなかった……。

したがって、わたしには、その少女の問い掛けに、応答する一片の言葉も持ち得なかった。十五歳の少女の痛恨の一声によって、ただ茫然と自失し、わたしは、わたし自身のつましいことばをも決定的に喪失した……。

「3・11」以来、そんな鬱々たる日々を送っていたわたしのもとに、友人から届いた一通のメールによって、わたしはまた、果てしなく下降しつつある現し世へ引き戻された。

――すがるような思いで、会社の本棚に置いていた坂田静子さんの反原発の遺稿集『聞いてください』をあらためて手にして、思わず涙してしまいました。雅子さんが書いた「まえがきにかえて……」も、心打たれました。スリーマイル、チェルノブイリ事故の前から反原発を訴えていた静子さんでした。静子さんの願いを引き継げなかった悔恨と無念をかみしめつつも、『恐れるな、語り続けよ、黙っているな、あなたにはわたしがついている』の言葉に励まされた朝でした。落ち込んでばかりいられません。なんとか気分を変える努力をしてみます。すぐには何もできないかもしれませんが、「3・11」以降をどう生きるか、考えていきたいと思います。（野沢喜代）

一編集者として、ある直感がわたしの脳裏をよぎった。

わたしは、坂田雅子さんとも共通の友人である放送局勤めの野沢喜代さんから、さっそく『聞いてください』を借り受けた。

その夜、わたしはそれをひと息に読了した。ページを繰るたび毎に、頭の中に巣くっていた古いかさぶたような不快感が、こそげ落ちていくのが分かった。
それは一編集者の直感が、確信へと変わった瞬間でもあった。

静子さんが、1977年から出し続けてきた、ガリ版刷りの『聞いてください』の内容は、たったいまこの国で起こっている現実そのものであった。そこには30余年の時空を超えて、「3・11」への警鐘を鳴らし続けてきた静子さんの善く生きることの哲学が、真摯な言葉となって、あたかも、わたしの耳元で語り解いてくれているかのような説得力をともなって、胸の深みへと落ちてきた。

わたしは、いまこれを出版しなかったなら、必ずや後悔するとも思った……。

気がつくと雅子さん宛の、長いメールを書いていた。

坂田家が営んでいた薬局とわたしの生家は、ほど近いところにあって、いわば同郷の隣人でもあった。いまでも、颯爽と自転車で走り廻っていた往時の静子さんを思い起こすことができる。すでに50余年も前の田舎町の一コマに過ぎないのであるが……。

翌日、折良く一週間前にヴェトナムから帰国していた雅子さんから、メールが届いた。

――昨日お電話してからも考えたのですが、とても嬉しいお申し出だと思います。ぜひお願いしたいと思います。母の言葉が村石さんにこのように受け止めて頂け，また何かの形で蘇り、継承されていくことは願っても無いことです。（坂田雅子）

まさに、本書の出版意図を言い当てた一言であった。母から娘へ託された継承《バトン》は、たったいま、私たちに受け継がれた。そして次世代にそのバトンを渡すことが、不作為の時代を生きてきてしまった、わたし自身の責務でもある。

『沈黙の春』（レイチェル・カーソン）同様に『聞いてください』は、世代を超えて読み継ぎ、語り継がれるべくして誕生した一書であることを、わたしは確信している。

――願わくば、本書が子どもたちのために、まだ生まれていない未来の子どもたちのために、そして、飯舘村の十五歳の少女への、ささやかな〝道しるべ〟にならんことを、祈らずにはおれない。

２０１１年６月８日　記

聞いてください
脱原発への道しるべ

2011年6月26日　第1刷発行

著　　者　坂田静子

発行人　寺島純子

発行者　オフィスエム
〒380-0802　長野市上松2-2-17　城東ビル3F
TEL 026-237-8100　FAX 026-237-8103
http://o-emu.net/　e-mail　order@o-emu.net

装　　幀　石坂淳子
印　　刷　大日本法令印刷（株）

定価は表紙に表示してあります。
落丁・乱丁本は、送料小社負担にてお取り替えいたします。

ISBN978-4-904570-38-8 C0036

私もこれまで原発の危険性について「消費
ート」等を通して知らされ、心配はしていまし
いきなり目の前に緊急の課題として突きつけら
思いで、すっかり慌てゝしまいました。
二才の誕生日にあちらへ行き、今年は四才になる
孫もいますし．秋には次の孫も生れる予定です．
幼い者たちが危い！
急いで東京の反原発グループを探して連絡
送られて来た資料を娘にも送り．自分で
みました．するとこれは外国の向
日本でも、今すぐ。皆で考
要性は日本で
性、向題、